"十二五"职业教育国家规划立项教材

国家卫生和计划生育委员会"十二五"规划教材
全国中等卫生职业教育教材

供医学检验技术专业用　　　　　　第3版

# 无机化学基础

主　编　赵　红

副主编　蒋　江

编　者（以姓氏笔画为序）

王宙清（山东省莱阳市卫生学校）

赵　红（辽宁省营口市卫生学校）

郭　忠（江西省赣州市卫生学校）

黄肇锋（广东省佛山市南海区卫生职业技术学校）

蒋　江（广西玉林市卫生学校）

舒　雷（云南省临沧市卫生学校）

谢玉胜（内蒙古呼伦贝尔市扎兰屯职业学院）

人民卫生出版社

图书在版编目（CIP）数据

无机化学基础 / 赵红主编. —3 版. —北京：人民卫生出版社，2015

ISBN 978-7-117-21627-2

Ⅰ. ①无… Ⅱ. ①赵… Ⅲ. ①无机化学－中等专业学校－教材 Ⅳ. ①061

中国版本图书馆 CIP 数据核字（2015）第 252771 号

| 人卫社官网 | www.pmph.com | 出版物查询，在线购书 |
| 人卫医学网 | www.ipmph.com | 医学考试辅导，医学数据库服务，医学教育资源，大众健康资讯 |

# 无机化学基础
## 第 3 版

主　　编：赵　红

出版发行：人民卫生出版社（中继线 010-59780011）

地　　址：北京市朝阳区潘家园南里 19 号

邮　　编：100021

E － mail：pmph @ pmph.com

购书热线：010-59787592　　010-59787584　　010-65264830

印　　刷：三河市博文印刷有限公司

经　　销：新华书店

开　　本：787×1092　1/16　　印张：10　　插页：1

字　　数：250 千字

版　　次：2002 年 9 月第 1 版　　2016 年 1 月第 3 版
　　　　　2022 年 6 月第 3 版第 8 次印刷（总第 22 次印刷）

标准书号：ISBN 978-7-117-21627-2/R · 21628

定　　价：28.00 元

打击盗版举报电话：010-59787491　　E-mail：WQ @ pmph.com
（凡属印装质量问题请与本社市场营销中心联系退换）

# 出版说明

　　为全面贯彻党的十八大和十八届三中、四中、五中全会精神，依据《国务院关于加快发展现代职业教育的决定》要求，更好地服务于现代卫生职业教育快速发展的需要，适应卫生事业改革发展对医药卫生职业人才的需求，贯彻《医药卫生中长期人才发展规划(2011—2020年)》《现代职业教育体系建设规划(2014—2020年)》文件精神，人民卫生出版社在教育部、国家卫生和计划生育委员会的领导和支持下，按照教育部颁布的《中等职业学校专业教学标准(试行)》医药卫生类(第二辑)(简称《标准》)，由全国卫生职业教育教学指导委员会(简称卫生行指委)直接指导，经过广泛的调研论证，成立了中等卫生职业教育各专业教育教材建设评审委员会，启动了全国中等卫生职业教育第三轮规划教材修订工作。

　　本轮规划教材修订的原则：①明确人才培养目标。按照《标准》要求，本轮规划教材坚持立德树人，培养职业素养与专业知识、专业技能并重，德智体美全面发展的技能型卫生专门人才。②强化教材体系建设。紧扣《标准》，各专业设置公共基础课(含公共选修课)、专业技能课(含专业核心课、专业方向课、专业选修课)；同时，结合专业岗位与执业资格考试需要，充实完善课程与教材体系，使之更加符合现代职业教育体系发展的需要。在此基础上，组织制订了各专业课程教学大纲并附于教材中，方便教学参考。③贯彻现代职教理念。体现"以就业为导向，以能力为本位，以发展技能为核心"的职教理念。理论知识强调"必需、够用"；突出技能培养，提倡"做中学、学中做"的理实一体化思想，在教材中编入实训(实验)指导。④重视传统融合创新。人民卫生出版社医药卫生规划教材经过长时间的实践与积累，其中的优良传统在本轮修订中得到了很好的传承。在广泛调研的基础上，再版教材与新编教材在整体上实现了高度融合与衔接。在教材编写中，产教融合、校企合作理念得到了充分贯彻。⑤突出行业规划特性。本轮修订紧紧依靠卫生行指委和各专业教育教材建设评审委员会，充分发挥行业机构与专家对教材的宏观规划与评审把关作用，体现了国家卫生计生委规划教材一贯的标准性、权威性、规范性。⑥提升服务教学能力。本轮教材修订，在主教材中设置了一系列服务教学的拓展模块；此外，教材立体化建设水平进一步提高，根据专业需要开发了配套教材、网络增值服务等，大量与课程相关的内容围绕教材形成便捷的在线数字化教学资源包，为教师提供教学素材支撑，为学生提供学习资源服务，教材的教学服务能力明显增强。

　　人民卫生出版社作为国家规划教材出版基地,有护理、助产、农村医学、药剂、制药技术、营养与保健、康复技术、眼视光与配镜、医学检验技术、医学影像技术、口腔修复工艺等 24 个专业的教材获选教育部中等职业教育专业技能课立项教材,相关专业教材根据《标准》颁布情况陆续修订出版。

# 医学检验技术专业编写说明

2010年,教育部公布《中等职业学校专业目录(2010年修订)》,将医学检验专业(0810)更名为医学检验技术专业(100700),目的是面向医疗卫生机构,培养从事临床检验、卫生检验、采供血检验及病理技术等工作的、德智体美全面发展的高素质劳动者和技能型人才。人民卫生出版社积极落实教育部、国家卫生和计划生育委员会相关要求,推进《标准》实施,在卫生行指委指导下,进行了认真细致的调研论证工作,规划并启动了教材的编写工作。

本轮医学检验技术专业规划教材与《标准》课程结构对应,设置公共基础课(含公共选修课)、专业基础课、专业技能课(含专业核心课、专业方向课、专业选修课)教材。其中专业核心课教材根据《标准》要求设置共8种。

本轮教材编写力求贯彻以学生为中心、贴近岗位需求、服务教学的创新教材编写理念,教材中设置了"学习目标""病例/案例""知识链接""考点提示""本章小结""目标测试""实训/实验指导"等模块。"学习目标""考点提示""目标测试"相互呼应衔接,着力专业知识掌握,提高专业考试应试能力。尤其是"病例/案例""实训/实验指导"模块,通过真实案例激发学生的学习兴趣、探究兴趣和职业兴趣,满足了"真学、真做、掌握真本领""早临床、多临床、反复临床"的新时期卫生职业教育人才培养新要求。

本系列教材将于2016年7月前全部出版。

# 全国中等卫生职业教育
# 国家卫生和计划生育委员会"十二五"规划教材目录

| 总序号 | 适用专业 | 分序号 | 教材名称 | 版次 |
|---|---|---|---|---|
| 1 | 护理专业 | 1 | 解剖学基础 ** | 3 |
| 2 | | 2 | 生理学基础 ** | 3 |
| 3 | | 3 | 药物学基础 ** | 3 |
| 4 | | 4 | 护理学基础 ** | 3 |
| 5 | | 5 | 健康评估 ** | 2 |
| 6 | | 6 | 内科护理 ** | 3 |
| 7 | | 7 | 外科护理 ** | 3 |
| 8 | | 8 | 妇产科护理 ** | 3 |
| 9 | | 9 | 儿科护理 ** | 3 |
| 10 | | 10 | 老年护理 ** | 3 |
| 11 | | 11 | 老年保健 | 1 |
| 12 | | 12 | 急救护理技术 | 3 |
| 13 | | 13 | 重症监护技术 | 2 |
| 14 | | 14 | 社区护理 | 3 |
| 15 | | 15 | 健康教育 | 1 |
| 16 | 助产专业 | 1 | 解剖学基础 ** | 3 |
| 17 | | 2 | 生理学基础 ** | 3 |
| 18 | | 3 | 药物学基础 ** | 3 |
| 19 | | 4 | 基础护理 ** | 3 |
| 20 | | 5 | 健康评估 ** | 2 |
| 21 | | 6 | 母婴护理 ** | 1 |
| 22 | | 7 | 儿童护理 ** | 1 |
| 23 | | 8 | 成人护理(上册)- 内外科护理 ** | 1 |
| 24 | | 9 | 成人护理(下册)- 妇科护理 ** | 1 |
| 25 | | 10 | 产科学基础 ** | 3 |
| 26 | | 11 | 助产技术 ** | 1 |
| 27 | | 12 | 母婴保健 | 3 |
| 28 | | 13 | 遗传与优生 | 3 |

续表

| 总序号 | 适用专业 | 分序号 | 教材名称 | 版次 |
|---|---|---|---|---|
| 29 | 护理、助产专业共用 | 1 | 病理学基础 | 3 |
| 30 | | 2 | 病原生物与免疫学基础 | 3 |
| 31 | | 3 | 生物化学基础 | 3 |
| 32 | | 4 | 心理与精神护理 | 3 |
| 33 | | 5 | 护理技术综合实训 | 2 |
| 34 | | 6 | 护理礼仪 | 3 |
| 35 | | 7 | 人际沟通 | 3 |
| 36 | | 8 | 中医护理 | 3 |
| 37 | | 9 | 五官科护理 | 3 |
| 38 | | 10 | 营养与膳食 | 3 |
| 39 | | 11 | 护士人文修养 | 1 |
| 40 | | 12 | 护理伦理 | 1 |
| 41 | | 13 | 卫生法律法规 | 3 |
| 42 | | 14 | 护理管理基础 | 1 |
| 43 | 农村医学专业 | 1 | 解剖学基础 ** | 1 |
| 44 | | 2 | 生理学基础 ** | 1 |
| 45 | | 3 | 药理学基础 ** | 1 |
| 46 | | 4 | 诊断学基础 ** | 1 |
| 47 | | 5 | 内科疾病防治 ** | 1 |
| 48 | | 6 | 外科疾病防治 ** | 1 |
| 49 | | 7 | 妇产科疾病防治 ** | 1 |
| 50 | | 8 | 儿科疾病防治 ** | 1 |
| 51 | | 9 | 公共卫生学基础 ** | 1 |
| 52 | | 10 | 急救医学基础 ** | 1 |
| 53 | | 11 | 康复医学基础 ** | 1 |
| 54 | | 12 | 病原生物与免疫学基础 | 1 |
| 55 | | 13 | 病理学基础 | 1 |
| 56 | | 14 | 中医药学基础 | 1 |
| 57 | | 15 | 针灸推拿技术 | 1 |
| 58 | | 16 | 常用护理技术 | 1 |
| 59 | | 17 | 农村常用医疗实践技能实训 | 1 |
| 60 | | 18 | 精神病学基础 | 1 |
| 61 | | 19 | 实用卫生法规 | 1 |
| 62 | | 20 | 五官科疾病防治 | 1 |
| 63 | | 21 | 医学心理学基础 | 1 |
| 64 | | 22 | 生物化学基础 | 1 |
| 65 | | 23 | 医学伦理学基础 | 1 |
| 66 | | 24 | 传染病防治 | 1 |

续表

| 总序号 | 适用专业 | 分序号 | 教材名称 | 版次 |
|---|---|---|---|---|
| 67 | 营养与保健专业 | 1 | 正常人体结构与功能 * | 1 |
| 68 | | 2 | 基础营养与食品安全 * | 1 |
| 69 | | 3 | 特殊人群营养 * | 1 |
| 70 | | 4 | 临床营养 * | 1 |
| 71 | | 5 | 公共营养 * | 1 |
| 72 | | 6 | 营养软件实用技术 * | 1 |
| 73 | | 7 | 中医食疗药膳 * | 1 |
| 74 | | 8 | 健康管理 * | 1 |
| 75 | | 9 | 营养配餐与设计 * | 1 |
| 76 | 康复技术专业 | 1 | 解剖生理学基础 * | 1 |
| 77 | | 2 | 疾病学基础 * | 1 |
| 78 | | 3 | 临床医学概要 * | 1 |
| 79 | | 4 | 康复评定技术 * | 2 |
| 80 | | 5 | 物理因子治疗技术 * | 1 |
| 81 | | 6 | 运动疗法 * | 1 |
| 82 | | 7 | 作业疗法 * | 1 |
| 83 | | 8 | 言语疗法 * | 1 |
| 84 | | 9 | 中国传统康复疗法 * | 1 |
| 85 | | 10 | 常见疾病康复 * | 2 |
| 86 | 眼视光与配镜专业 | 1 | 验光技术 * | 1 |
| 87 | | 2 | 定配技术 * | 1 |
| 88 | | 3 | 眼镜门店营销实务 * | 1 |
| 89 | | 4 | 眼视光基础 * | 1 |
| 90 | | 5 | 眼镜质检与调校技术 * | 1 |
| 91 | | 6 | 接触镜验配技术 * | 1 |
| 92 | | 7 | 眼病概要 | 1 |
| 93 | | 8 | 人际沟通技巧 | 1 |
| 94 | 医学检验技术专业 | 1 | 无机化学基础 * | 3 |
| 95 | | 2 | 有机化学基础 * | 3 |
| 96 | | 3 | 分析化学基础 * | 3 |
| 97 | | 4 | 临床疾病概要 * | 3 |
| 98 | | 5 | 寄生虫检验技术 * | 3 |
| 99 | | 6 | 免疫学检验技术 * | 3 |
| 100 | | 7 | 微生物检验技术 * | 3 |
| 101 | | 8 | 检验仪器使用与维修 * | 1 |
| 102 | 医学影像技术专业 | 1 | 解剖学基础 * | 1 |
| 103 | | 2 | 生理学基础 * | 1 |
| 104 | | 3 | 病理学基础 * | 1 |

续表

| 总序号 | 适用专业 | 分序号 | 教材名称 | 版次 |
|---|---|---|---|---|
| 105 | | 4 | 医用电子技术 * | 3 |
| 106 | | 5 | 医学影像设备 * | 3 |
| 107 | | 6 | 医学影像技术 * | 3 |
| 108 | | 7 | 医学影像诊断基础 * | 3 |
| 109 | | 8 | 超声技术与诊断基础 * | 3 |
| 110 | | 9 | X 线物理与防护 * | 3 |
| 111 | 口腔修复工艺专业 | 1 | 口腔解剖与牙雕刻技术 * | 2 |
| 112 | | 2 | 口腔生理学基础 * | 3 |
| 113 | | 3 | 口腔组织及病理学基础 * | 2 |
| 114 | | 4 | 口腔疾病概要 * | 3 |
| 115 | | 5 | 口腔工艺材料应用 * | 3 |
| 116 | | 6 | 口腔工艺设备使用与养护 * | 2 |
| 117 | | 7 | 口腔医学美学基础 * | 3 |
| 118 | | 8 | 口腔固定修复工艺技术 * | 3 |
| 119 | | 9 | 可摘义齿修复工艺技术 * | 3 |
| 120 | | 10 | 口腔正畸工艺技术 * | 3 |
| 121 | 药剂、制药技术专业 | 1 | 基础化学 ** | 1 |
| 122 | | 2 | 微生物基础 ** | 1 |
| 123 | | 3 | 实用医学基础 ** | 1 |
| 124 | | 4 | 药事法规 ** | 1 |
| 125 | | 5 | 药物分析技术 ** | 1 |
| 126 | | 6 | 药物制剂技术 ** | 1 |
| 127 | | 7 | 药物化学 ** | 1 |
| 128 | | 8 | 会计基础 | 1 |
| 129 | | 9 | 临床医学概要 | 1 |
| 130 | | 10 | 人体解剖生理学基础 | 1 |
| 131 | | 11 | 天然药物学基础 | 1 |
| 132 | | 12 | 天然药物化学基础 | 1 |
| 133 | | 13 | 药品储存与养护技术 | 1 |
| 134 | | 14 | 中医药基础 | 1 |
| 135 | | 15 | 药店零售与服务技术 | 1 |
| 136 | | 16 | 医药市场营销技术 | 1 |
| 137 | | 17 | 药品调剂技术 | 1 |
| 138 | | 18 | 医院药学概要 | 1 |
| 139 | | 19 | 医药商品基础 | 1 |
| 140 | | 20 | 药理学 | 1 |

** 为"十二五"职业教育国家规划教材
* 为"十二五"职业教育国家规划立项教材

# 前　言

　　《无机化学基础》是"十二五"职业教育国家规划立项教材,是中等卫生职业教育医学检验技术专业的一门专业核心课程。本教材是根据国家卫计委、教育部《中等职业学校医学检验技术专业教学标准》,按照教育部"十二五"国家规范教材出版要求编写而成,供中等卫生职业教育医学检验技术专业学生使用。

　　在教材编写过程中,始终贯彻立德树人的"现代职业教育"精神,注重以服务为宗旨,以就业为导向;遵循"三基、五性、三特定"的原则,融传授知识、培养能力、提高素质为一体,重视学生创新精神和实践能力的培养。

　　本教材按 54 学时编写,理论部分共八章,实践部分七个实验,附表包括元素周期表和常用化学用表。强调基本知识与基本技能相结合,理论知识与专业需求相结合,注重引入医学中的化学知识,体现无机化学在医学科学领域中的应用。创新教材形式,使教材更加情景化和形象化;教材内容和结构设计与职业资格证书考试紧密结合,为基层医疗机构培养实用型医学检验专业技术人才打下坚实的基础。

　　本教材在内容选择和编排体系上进行了适当调整。如将物质的量和溶液合为一章,使教学内容紧凑,易于学生对溶液浓度表示方法及相互间换算知识的理解;元素及其化合物内容中删掉了氮族元素、碳族及过渡元素等章节,重点突出,实用性强。教材在编写风格上有所创新,学习目标使学生学习有针对性;相关知识链接拓展了学生的知识面和激发了学生的学习兴趣;考点链接把理论知识与执业资格考试联系起来;本章小节总结归纳,突出重点,便于学生复习;目标测试加深学生对知识的全面理解和掌握。

　　教材在编写过程中,得到了各位编者所在学校的大力支持,并参考了部分本科院校、高职院校、中职学校的有关教材,在此表示衷心感谢。

　　鉴于编者学术水平和编写时间有限,教材中难免有不妥和遗漏之处,敬请广大读者批评指正,以便进一步修订完善。

赵　红

2015 年 12 月

# 目 录

# 第一章 绪 论

## 一、无机化学的地位和作用

由于化学研究的范围非常广泛，依据所研究的方法、目的和任务的不同，可将化学分为四大分支：无机化学、有机化学、分析化学和物理化学。无机化学是研究物质的组成、结构、性质及其变化规律的一门自然科学。它是化学科学中发展最早的一个分支，也是研究其他化学分支的基础。

化学发展大致可分为三个阶段：一是古代化学发展阶段（17 世纪中期以前），原始人类由使用火进入文明，开始用火烧煮食物、烧制陶器、冶炼青铜到后来炼金术、造纸术和医药技术等，都是化学知识的最早体现；二是近代化学发展时期（17 世纪中叶到 20 世纪之前），资本主义生产力的快速发展推动了化学的飞速发展。1777 年，近代化学之父法国科学家拉瓦锡的空气成分实验和物质燃烧氧化学说为质量守恒定律的产生提供了实验基础；1803 年，英国化学家道尔顿提出了科学的原子学说；1811 年，意大利化学家阿伏伽德罗提出了分子概念；1869 年，俄国科学家门捷列夫发现了元素周期律。原子—分子论的建立和元素周期律的发现，使化学实现了从经验到理论的质的飞跃，化学因此也发展成为一门独立的学科；三是现代化学发展时期（20 世纪以来），X 射线、放射线和电子是 19 世纪末的三大发现，这三大发现为科学家深入研究原子和原子核打开了大门。1911 年，原子核之父英国卢瑟福通过 $\alpha$ 粒子的散射实验发现了原子核的存在，为深入探讨原子结构奠定了基础。1913 年，丹麦原子物理学家波尔提出电子沿轨道围绕原子核运动的原子模型。

近 40 年来，无机化学发生了飞跃，特别是量子力学理论和光学、电学、磁学等测试技术建立了现代化学键理论，确定了原子、分子的微观结构，物质的微观结构与其宏观性质联系起来。使无机化学正从描述性的科学到推理性科学过渡，从定性向定量过渡，从宏观到微观深入，逐渐形成一个比较完整的、理论化的、定量化的、微观化的现代无机化学新体系。

化学学科的发展推动着生物学、医药学、材料科学的发展，化学与其他学科之间相互渗透、相互融合，化学学科内部各分支学科之间也相互交叉，又不断形成许多新的边缘学科和应用学科，如生物化学、药物化学、量子化学、高分子化学、环境化学等学科，化学已被公认为是一门中心学科。

新中国成立以后，我国化学工业得到了迅猛发展，化肥、农药以及酸、碱化工产品产量飞速增长，石油工业发展更是突飞猛进，生物无机化学的研究 10 年内跃升了三个台阶，研究对象从生物小分子配体上升到生物大分子；从研究分离出的生物大分子到研究生物体系；近年来又开始了对细胞层次的无机化学研究，研究水平逐年提高。可以坚信，我国的化学事业必会取得更加辉煌的成就。

## 二、无机化学与医药学及检验的关系

现代化学和现代医学的关系更加密切。例如研究生命活动的生物化学就是利用化学的原理和方法，研究人体各组织的组成、亚细胞结构和功能、物质代谢和能量变化等生命活动。

### （一）人体内许多生理、病理变化是以化学反应为基础

人体的生命过程包含极其复杂的物质变化过程，各种组织都是由糖类、蛋白质、脂类、无机盐和水等物质所组成，包含着许多种化学元素；人体的各种生理活动，如呼吸、消化、循环、排泄等生理活动都是化学变化的过程；人体的生长发育、新陈代谢和其他一切生理、病理过程都与体内物质的化学变化密不可分。

### （二）化学是药学研究的重要工具

化学和药学密切相关，药物的化学结构和化学性质直接影响药效和毒副作用，药物间的配伍禁忌也与其化学性质相关。临床护理中用到的消毒剂、注射液的配制都离不开化学知识。药物的合成、制备以及天然药物中有效成分的提取，药物及其代谢物的临床监测和体液中蛋白质、酶、核酸、激素、痕量元素等的测定和分析都离不开化学，尤其是新药的研制开发。要正确合理用药，必须掌握有关的化学知识。

### （三）运用临床化学检验诊断疾病

临床化学检验是利用化学原理和方法对病人的血液、胃液、尿液、粪便等生物标本中某些成分含量的变化进行客观的检查分析，以便了解人体物质代谢状况，为诊断疾病提供科学依据。例如利用化学方法测定血中转氨酶活性，能反映肝脏和心肌的功能；测定血中尿素氮的含量，可说明肾排泄功能状况；测定血糖、尿糖、酮体含量，能进行糖尿病的诊断。

随着医学科学的快速发展，分子生物学、分子生理学等学科兴起，放射性同位素、人造器官在科学研究及医学上的广泛应用，卫生监督、疾病预防等方面不断取得新进展，化学的研究成果对此都起到了重要的推动作用。

## 三、无机化学课程的教学内容和教学任务

### （一）无机化学课程的教学内容

《无机化学基础》是中等卫生职业教育医学检验专业的一门核心课程，是研究无机化合物的组成、结构、性质及变化规律的科学。本课程教学内容分为基础理论和元素化学两大部分。前者讲述无机化学的基础理论，主要讨论溶液、电解质及离子平衡、化学反应速率、化学平衡、

物质结构理论、氧化还原、配位化合物及有关计算。后者讲述重要元素单质及其化合物的基本知识。

**（二）无机化学课程的教学任务**

1．提高学生的科学文化素质：通过学习，使学生掌握从事医学检验技术工作所必需的无机化学基础知识和基本技能，能够熟练进行化学实验基本操作；开发学生的智能，培养分析和解决化学实际问题的能力，使学生的观察思维能力和文化素质得到提高，逐步树立辩证唯物主义观点和实事求是的科学态度，这是学习本门课程的首要任务。

2．为专业知识和技能的学习打下扎实基础：医学课程按照公共课、基础课和临床课顺序设置衔接课程，学好无机化学，是为后续基础课和临床课的学习奠定基础，这是学习本门课程的重要任务。

3．为今后的专业技术服务：医学专业工作与化学学科有着密切的联系，在实际工作中经常会遇到化学问题，如护理中用到的生理盐水等溶液配制；药物及其代谢物的临床监测；人体体液等生物标本的检测；环境污染与疾病预防等。医务工作者只有具备了相应的化学知识和技能，才能做好医学专业工作，这是学习本门课程的基本任务。

## 四、无机化学的学习方法

无机化学涉及的内容多，知识面广。要学好本门课程，必须贯穿"预习 - 听课 - 理解 - 习题 - 讨论 - 复习 - 总结"的一条线原则，并通过阅读课外书籍，借助于网络、图书馆、资料室，扩大知识面，活跃思维，培养学生发现问题、分析问题和解决问题的综合能力。

1．课前预习　在每一章课堂教学之前，通篇浏览整章内容，了解知识重点和难点，善于提出问题。

2．课堂听课　带着问题有目的地去听课，听课时紧跟教师的思路，积极思考，产生共鸣。还要注意教师提出问题、分析问题和解决问题的思路和方法，从中受到启发，适当做笔记，记下重点，以备复习和深入思索。

3．课后复习　是消化和掌握所学知识的重要过程。经过反复思考并应用一些原理说明或解决一些问题，才能逐步加深对基本理论和要领的理解和掌握。坚持先复习再做习题的正确方法，通过做练习有利于深入理解、掌握和运用课程内容。重视解题过程中的分析方法和技巧，努力培养独立思考和分析问题、解决问题的能力。

4．处理好理解和记忆的关系　学会善于运用分析对比和联系归纳的方法，善于从例题中体会解题的思路、方法和技巧，搞清概念、原理、公式和方法的含义、应用条件和使用范围。在理解的基础上，记忆一些涉及基本概念和基本原理的重点，努力做到熟练掌握、融会贯通。

5．注重实验　做到原理清楚、步骤明确、认真处理实验数据、分析实验现象和问题、得出正确结论、做好实验报告。

学好无机化学，不仅要学习基本知识和原理，更主要是培养科学的思维方法，善于分析总结和归纳，抓关键、找联系、寻规律，做好上述几点，同学们一定能够获得满意的学习效果。

相关知识链接

### 化学在社会生活中的常见应用

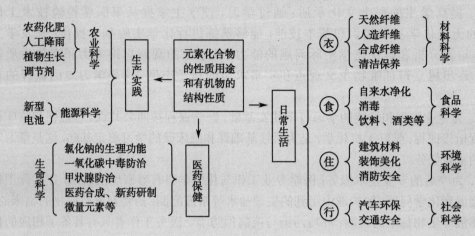

 本章小结

本章主要讲授无机化学研究基本内容及与医药学和检验的关系；无机化学在自然科学和化学学科发展中的地位和作用；学习无机化学的方法。

重点讲授无机化学的基本内容、与医药学和检验的关系。

（赵 红）

# 第二章 溶　液

溶液是自然界中普遍存在的一种体系，如各种饮料、液体调味品、人体的体液（血液、细胞内液、淋巴液等）均是溶液。人体中各种营养物质的消化、吸收、代谢、运输、转化都是在溶液中进行的。临床上药物的配制、使用、分析和检验存在着大量与溶液有关的问题。所以医学专业的学生必须掌握一定的有关溶液的知识。

## 第一节　物质的量

物质是由原子、分子、离子等微观粒子构成，而这些微观粒子是肉眼看不见，也是难以称量的。在生产实践和科学实验中，物质往往用质量来计算，这就需要一个物理量把肉眼看不见的微观粒子数目与宏观可称量的物质质量联系起来，这个物理量就是"物质的量"。

### 一、物质的量及其单位

#### （一）物质的量

物质的量是表示构成物质粒子数目的一个物理量。它是国际单位制（SI）7 个基本物理量之一，用符号 $n$ 表示。某物质 B 的物质的量可以表示为 $n_B$ 或 $n(B)$，例如：

氢原子的物质的量可表示为 $n_H$ 或 $n(H)$

水分子的物质的量可表示为 $n_{H_2O}$ 或 $n(H_2O)$

钠离子的物质的量可表示为 $n_{Na^+}$ 或 $n(Na^+)$

"物质的量"是一个专有名词，文字上不能分开使用和理解。

#### （二）物质的量的单位

1971 年第 14 届国际计量大会（CGMP）通过决议，规定物质的量的单位是"摩尔"，简称"摩"，常用符号 mol 来表示。医学上还采用毫摩尔（mmol）和微摩尔（μmol）作辅助单位。

$$1mol = 10^3 mmol = 10^6 \mu mol$$

实验测得 $12g^{12}C$ 中含有 $6.02 \times 10^{23}$ 个碳原子,这个数值最初是由意大利科学家阿伏伽德罗(Avogadro)提出来的,因此称为阿伏伽德罗常数,用符号 $N_A$ 表示,即 $N_A = 6.02 \times 10^{23}$/mol。

由 $6.02 \times 10^{23}$ 个粒子所构成的物质的量,即为 1 摩尔。1 摩尔的任何物质都包含 $6.02 \times 10^{23}$ 个粒子。例如:

1mol C 表示有 $6.02 \times 10^{23}$ 个碳原子;

1mol $H_2$ 表示有 $6.02 \times 10^{23}$ 个氢分子;

1mol $Na^+$ 表示有 $6.02 \times 10^{23}$ 个钠离子。

物质的量相等的任何物质,它们所含的粒子数一定相同。物质的量($n$)是与物质粒子数(N)成正比的物理量,它们之间的关系如下:

$$n = \frac{N}{N_A} \text{或} N = nN_A$$

若要比较几种物质中所含的粒子数多少,只要比较它们物质的量 $n$ 值的大小即可,$n$ 值大的物质中所含粒子数多。

## 二、摩尔质量

摩尔质量就是 1 摩尔物质的质量。摩尔质量的表示符号为 $M$,摩尔质量的 SI 单位是 kg/mol,化学上常用 g/mol 作单位。物质 B 的摩尔质量表示为 $M_B$ 或 $M(B)$。其数学表达式为:

$$M_B = \frac{m_B}{n_B}$$

1. 原子的摩尔质量　原子的摩尔质量若以 g/mol 为单位,数值上等于该原子的相对原子质量。例如:

$H$ 的相对原子质量是 1,则 $M(H) = 1g/mol$;

$S$ 的相对原子质量是 32,$M(S) = 32g/mol$;

$O$ 的相对原子质量是 16,则 $M(O) = 16g/mol$。

2. 分子的摩尔质量　分子的摩尔质量若以 g/mol 为单位,数值上等于该分子的相对分子质量。例如:

$H_2O$ 的相对分子质量是 18,则 $M(H_2O) = 18g/mol$;

$CO_2$ 的相对分子质量是 44,则 $M(CO_2) = 44g/mol$;

$C_6H_{12}O_6$ 的相对分子质量是 180,则 $M(C_6H_{12}O_6) = 180g/mol$。

3. 离子的摩尔质量　离子的摩尔质量若以 g/mol 为单位,数值上等于该离子的化学式量。由于电子的质量过于微小,失去或得到的电子的质量可以略去不计。例如:

$H^+$ 的相对原子质量是 1,则 $M(H^+) = 1g/mol$;

$OH^-$ 相对原子质量之和是 17,则 $M(OH^-) = 17g/mol$;

$SO_4^{2-}$ 的相对原子质量之和是 96,则 $M(SO_4^{2-}) = 96g/mol$。

总之,任何物质 B 的摩尔质量如果以克为单位,其数值就等于该物质的化学式量。

## 三、有关物质的量计算

有关物质的量计算主要有以下几种类型:

1. 已知物质的质量,求物质的量

例 2-1：22g $CO_2$ 的物质的量是多少？

解：$\because M_{CO_2}=44\text{g/mol},\ m_{CO_2}=22\text{g}$

$$M_B=\frac{m_B}{n_B}$$

$$\therefore n_B=\frac{m_B}{M_B}$$

$$\therefore n_{CO_2}=\frac{m_{CO_2}}{M_{CO_2}}=\frac{22\text{g}}{44\text{g/mol}}=0.5\text{mol}$$

答：22g 二氧化碳的物质的量是 0.5mol。

例 2-2：36g 水中含有 H 和 O 的物质的量各是多少？

解：$\because$ 1mol 水中含有 2mol 的 H 原子和 1mol 的氧原子。

$$M_{H_2O}=18\text{g/mol},\ m_{H_2O}=36\text{g}$$

$$n_B=\frac{m_B}{M_B}$$

$$\therefore n_{H_2O}=\frac{m_{H_2O}}{M_{H_2O}}=\frac{36\text{g}}{18\text{g/mol}}=2\text{mol}$$

答：H 原子的物质的量为 4mol，O 原子的物质的量是 2mol。

例 2-3：完全中和 40gNaOH 需要 $H_2SO_4$ 的物质的量为多少？

解：$\because M_{NaOH}=40\text{g/mol},\ m_{NaOH}=40\text{g}$

$$n_B=\frac{m_B}{M_B}$$

$$\therefore n_{NaOH}=\frac{m_{NaOH}}{M_{NaOH}}=\frac{40\text{g}}{40\text{g/mol}}=1\text{mol}$$

设完全中和 40gNaOH 需要 $H_2SO_4$ 的物质的量为 X。

$$2NaOH+H_2SO_4=Na_2SO_4+2H_2O$$

2mol       1mol

1mol       xmol

$$x=\frac{1\text{mol}\times1\text{mol}}{2\text{mol}}=0.5\text{mol}$$

答：完全中和 40gNaOH 需要 $H_2SO_4$ 的物质的量为 0.5mol。

2．已知物质的量，求物质的质量

例 2-4：1.5molNaOH 的质量是多少？

解：$\because n_{NaOH}=1.5\text{mol},\ M_{NaOH}=40\text{g/mol}$

$$n_B=\frac{m_B}{M_B}$$

$$\therefore m_B=n_BM_B$$

$$\therefore m_{NaOH}=n_{NaOH}\times M_{NaOH}=1.5\text{mol}\times40\text{g/mol}=60\text{g}$$

答：1.5mol NaOH 的质量是 60g。

3．已知物质的质量，求物质的粒子数

例 2-5：49g 硫酸里含有多少个硫酸分子？

解：$\because M_{H_2SO_4}=98\text{g/mol},\ m_{H_2SO_4}=49\text{g}$

$$n_B = \frac{m_B}{M_B}$$

$$n_{H_2SO_4} = \frac{m_{H_2SO_4}}{M_{H_2SO_4}} = \frac{49g}{98g/mol} = 0.5mol$$

$$\therefore N = nN_A = 0.5mol \times 6.02 \times 10^{23}/mol = 3.01 \times 10^{23}$$

答：49g硫酸里含有 $3.01 \times 10^{23}$ 个硫酸分子。

如果物质的量相等，则它们所包含的粒子数目一定相等。不同的物质由于摩尔质量不同，它们的物质的量即使相同，但质量也是不相等的。

 **相关知识链接**

### 气体摩尔体积

摩尔体积就是指1摩尔某物质在一定条件下所具备的体积。摩尔体积符号为 $V_m$，SI单位是 $m^3/mol$，在化学上用 $L/mol$。计算公式为：

$$V_m = \frac{V}{n}$$

对于固态和液态物质来说，1mol各种物质的体积是不相同的。由于构成它们的微粒间的距离是很小的，所以它们的体积大小主要取决于这些微粒本身的大小，而构成不同物质的原子、分子或离子的大小是不同的，因此各种固态或液态物质之间的摩尔体积差异很大。

气体体积大小主要决定于分子间的平均距离，因此，气体体积大小与所处状况（温度和压强）密切相关。在相同状况下，物质的量相同的任何气体，它们所占有的体积几乎相同。

在标准状况下，1mol任何气体所占的体积都为22.4L，称为气体摩尔体积。符号为 $V_{m,0}$，即：$V_{m,0} = 22.4L/mol$。

在标准状况下：$n = \dfrac{V}{V_{m,0}} = \dfrac{V}{22.4L/mol}$

在同温同压下，相同体积的任何气体都含有相同数目的分子，这就是阿伏伽德罗定律。

# 第二节  溶液浓度

## 一、分散系概念及类型

### （一）分散系的概念

一种物质以细小的颗粒分散在另一种物质所形成的体系，称为分散系。其中，被分散的物质称为分散质（分散相），接纳分散质的物质称分散剂（分散介质）。例如，临床上用的生理盐水就是氯化钠被分散到水中形成的分散系，其中氯化钠是分散质，水是分散剂。

### （二）分散系的类型

根据分散质粒子大小不同，将分散系分为三种类型：分子或离子分散系、胶体分散系和粗分散系。

表2-1 分散系的分类

| 分子或离子分散系<br>（真溶液或溶液） | | 胶体分散系 | | 粗分散系 | |
| --- | --- | --- | --- | --- | --- |
| | | 溶胶 | 高分子溶液 | 悬浊液 | 乳浊液 |
| 分散相粒子 | 低分子或离子 | 胶粒（分子、离子或原子聚集体） | 单个高分子 | 固体颗粒 | 液体小滴 |
| 粒子直径 | <1nm | 1～100nm | 1～100nm | >100nm | >100nm |
| 主要特征 | 透明、均匀、稳定能透过滤纸及半透膜 | 透明度不一、不均匀、相对稳定、不易聚沉，能透过滤纸、不能透过半透膜，丁达尔现象明显，对外加电解质敏感 | 透明、均匀、稳定、不聚沉，能透过滤纸，不能透过半透膜，黏度大、渗透压大，对外加电解质不敏感 | 浑浊、不透明、不均匀、不稳定、容易聚沉，不能透过滤纸及半透膜 | |
| 医学实例 | 生理盐水、葡萄糖溶液 | 硫化砷溶胶、碘化银溶胶等 | 蛋白质溶液、淀粉溶液等 | 硫磺合剂氧化锌搽剂等 | 松节油、鱼肝油 |

1. 分子或离子分散系 分散相粒子的直径小于 1nm（$1nm = 10^{-9}m$）的分散系称为分子或离子分散系，又称为真溶液，简称溶液。通常把溶液中的分散相称为溶质，把分散介质称为溶剂。

分子或离子分散系的分散相粒子为单个的分子或离子，能让光线通过，是一类均匀、稳定、透明的分散系。分散相粒子能透过滤纸和半透膜。

2. 胶体分散系 分散相粒子的直径在 1～100nm 之间的分散系称为胶体分散系。主要包括溶胶和高分子溶液。把固态分散相分散在液体分散介质中形成的分散系，称为胶体溶液，简称溶胶。分散相粒子称为胶粒。高分子溶解在适当的溶剂中所形成的溶液称为高分子溶液，如蛋白质、核酸、糖原等都是与生命有关的生物高分子。

溶胶的胶粒是许多分子、原子或离子的聚集体，分散相与分散介质之间有界面，能让部分光线透过，故透明度不一。主要特征是不均匀、相对稳定，胶粒能透过滤纸但不能透过半透膜。高分子溶液其分散相粒子是单个高分子，分散相与分散介质之间没有界面，是均匀、稳定、透明的体系。分散相粒子能透过滤纸，不能透过半透膜。

3. 粗分散系 分散相粒子直径大于 100nm 的分散系称为粗分散系，包括悬浊液和乳浊液。悬浊液是不溶性固体小颗粒分散在液体中所形成，如氧化锌搽剂；乳浊液是小液滴分散在另一种不相溶的液体中形成，如鱼肝油。

粗分散系的分散相与分散介质之间有界面，能阻止光线通过，主要特征是不均匀、不稳定、外观浑浊，不能透过滤纸和半透膜，放置后，悬浊液会沉淀，乳浊液会分层。

乳化剂可以使乳浊液稳定的作用叫做乳化作用，因其可在液体分散质的小液滴上形成一层乳化剂薄膜，使小液滴不能相互相聚集，从而保持相对稳定。胆汁中胆汁酸盐的乳化作用，能降低油水两相间的表面张力，使食物中的脂类乳化并分散为细微脂滴，增加消化酶与脂质的接触面积，促进脂类消化吸收。

## 二、溶液浓度表示方法

一定量的溶液或溶剂中所含溶质的量，叫做溶液的浓度。可以用下式表示：

$$\text{溶液浓度} = \frac{\text{溶质的量}}{\text{溶液（或溶剂）的量}}$$

溶液浓度有多种表示方法，医学上常用以下几种：

### （一）物质的量浓度

一定体积的溶液中所含溶质 B 的物质的量，称为物质的量浓度。用符号 $c_B$ 或 $c(B)$ 表示。

$$c_B = \frac{n_B}{V}$$

如果已知溶质质量，则

$$c_B = \frac{m_B}{M_B V}$$

物质的量浓度的 SI 单位是 $mol/m^3$，在化学和医学上多用 mol/L、mmol/L、μmol/L 作单位。三者的关系为：

$$1mol/L = 10^3 mmol/L = 10^6 \mu mol/L$$

关于物质的量浓度计算主要有下列几类：

1. 已知溶质物质的量和溶液体积，求物质的量浓度

例 2-6：某 $H_2SO_4$ 溶液 500ml 中含 0.2mol 的 $H_2SO_4$，试问该 $H_2SO_4$ 溶液的物质的量浓度为多少？

解：$\because n_{H_2SO_4} = 0.2mol \qquad V = 500ml = 0.5L$

$$c_B = \frac{n_B}{V}$$

$$\therefore c_{H_2SO_4} = \frac{n_{H_2SO_4}}{V} = \frac{0.2mol}{0.5L} = 0.4mol/L$$

答：该 $H_2SO_4$ 溶液的物质的量浓度为 0.4mol/L。

2. 已知溶质的质量和溶液的体积，求物质的量浓度

例 2-7：正常人血浆每 100ml 含 $Ca^{2+}$ 10mg，求血浆中 $Ca^{2+}$ 的物质的量浓度。

解：$\because M_{Ca^{2+}} = 40g/mol \qquad m_{Ca^{2+}} = 10mg \qquad V = 100ml = 0.1L$

$$c_B = \frac{m_B}{M_B V}$$

$$\therefore c_{Ca^{2+}} = \frac{m_{Ca^{2+}}}{M_{Ca^{2+}} V} = \frac{10mg}{40g/mol \times 0.1L} = 2.50mmol/L$$

答：血浆中 $Ca^{2+}$ 的物质的量浓度为 2.50mmol/L。

3. 已知物质的量浓度和溶液的体积，求溶质质量

例 2-8：临床使用的 $NaHCO_3$ 溶液其物质的量浓度为 0.149mol/L，问要配制该浓度的 $NaHCO_3$ 溶液 1000ml，需用多少克 $NaHCO_3$？

解：$\because c_{NaHCO_3} = 0.149mol/L \qquad M_{NaHCO_3} = 84g/mol \qquad V = 1000ml = 1L$

根据公式 $c_B = \dfrac{n_B}{V}$

$$\therefore n_{NaHCO_3} = c_{NaHCO_3} \times V = 0.149mol/L \times 1L = 0.149mol$$

$$\because n_B = \frac{m_B}{M_B}$$

$$\therefore m_{NaHCO_3} = n_{NaHCO_3} \times M_{NaHCO_3} = 0.149mol \times 84g/mol = 12.5g$$

答：配制浓度为 0.149mol/L 的 $NaHCO_3$ 溶液 1000ml 需用 12.5g $NaHCO_3$。

4. 已知溶质质量和溶液物质的量浓度，求溶液的体积

例 2-9：用 90g 葡萄糖（$C_6H_{12}O_6$）能配制 0.28mol/L 的静脉注射液多少 ml？

解：∵ $c_{C_6H_{12}O_6}=0.28mol/L$　　$m_{C_6H_{12}O_6}=90g$　　$M_{C_6H_{12}O_6}=180g/mol$

由 $c_B=\dfrac{m_B}{M_BV}$　得　$V=\dfrac{m_B}{c_BM_B}$

∴ $V=\dfrac{90g}{0.28mol/L\times180g/mol}=1.8L=1800ml$

答：用 90g 葡萄糖（$C_6H_{12}O_6$）能配制 0.28mol/L 的静脉注射液 1800ml。

### （二）质量浓度

一定体积的溶液中所含溶质 B 的质量，称为质量浓度。用符号 $\rho_B$ 或 $\rho(B)$ 表示。表达式为：

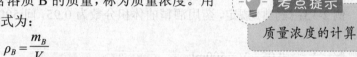
考点提示
质量浓度的计算

$$\rho_B=\frac{m_B}{V}$$

质量浓度的 SI 是 $kg/m^3$，化学上常用单位是克每升（g/L），也可采用毫克每升（mg/L）和微克每升（$\mu g/L$），在实际工作中可根据不同情况采用不同的单位。

$$1g/L=10^3mg/L=10^6\mu g/L$$

由于密度的符号为 $\rho$，所以在这里要注意质量浓度 $\rho_B$ 与密度 $\rho$ 的区别。

例 2-10：0.5L 生理盐水含 NaCl 4.5g，问生理盐水的质量浓度是多少？若给某患者输入 1.5L 生理盐水，则进入体内的 NaCl 是多少 g？

解：∵ $m_{NaCl}=4.5g$　$V=0.5L$

根据公式 $\rho_B=\dfrac{m_B}{V}$

∴ $\rho_{NaCl}=\dfrac{m_{NaCl}}{V}=\dfrac{4.5g}{0.5L}=9g/L$

∵ $\rho_{NaCl}=9g/L$，$V=1.5L$

∴ $m_{NaCl}=\rho_{NaCl}\times V=9g/L\times1.5L=13.5g$

答：生理盐水的质量浓度是 9g/L。要配制生理盐水 1.5L，需要 NaCl 为 13.5g。

### （三）质量分数

溶质 B 的质量除以溶液的质量，称为质量分数。用符号 $\omega_B$ 表示，其表达式为：

$$\omega_B=\frac{m_B}{m}$$

$m_B$ 和 m 的单位必须相同。质量分数可以直接用小数表示，也可以有百分数表示，医学上惯用 % 表示。

例 2-11：将 20g NaCl 溶于水中配成溶液 500g，计算此溶液中 NaCl 的质量分数。

解：∵ $m_{NaCl}=20g$　　$m=500g$

∴ $w_B=\dfrac{m_B}{m}=\dfrac{20g}{500g}=0.04$

答：此溶液中 NaCl 的质量分数是 0.04。

例 2-12：500ml 质量分数为 0.36 的浓盐酸，含 HCl 多少克？（$\rho=1.18kg/L$）

解：∵ $\omega_{HCl}=0.36$　$V=500ml=0.5L$　$\rho=1.18kg/L=1180g/L$

∴ $m=\rho V=1180g/L\times0.5L=590g$

11

$$\because \omega_B = \frac{m_B}{m}$$

$$\therefore m_B = \omega_B \times m = 0.36 \times 590g = 212g$$

答：500ml 质量分数为 0.36 的浓 HCl 溶液含 212g HCl。

**（四）体积分数**

同温同压下溶质 B 的体积除以溶液的体积，称为体积分数。用符号 $\varphi_B$ 表示，表达式为：

$$\varphi_B = \frac{V_B}{V}$$

$V_B$ 和 $V$ 的单位必须相同。体积分数可以直接用小数表示，也可以用百分数表示。医药上惯用 % 表示。临床上，红细胞压积（红细胞比容）的概念，是指红细胞在全血中所占的体积分数，正常人红细胞压积为 $\varphi_B = 0.37 \sim 0.50$。

例 2-13：《药典》规定，药用酒精的体积分数为 0.95，问 500ml 药用酒精含纯酒精多少ml？

解：$\because \varphi_B = 0.95 \quad V = 500ml$

$$\varphi_B = \frac{V_B}{V}$$

$$\therefore V_B = \varphi_B \times V = 0.95 \times 500ml = 475ml$$

答：500ml 药用酒精含纯酒精 475ml。

### 三、溶液浓度的换算

根据实际工作的需要，可选择不同的表示方法来表示同一种溶液的组成，在具体工作中常常涉及浓度的互换问题，主要有以下两类型：

**（一）物质的量浓度与质量浓度间换算**

换算依据是：

$$\because c_B = \frac{n_B}{V} \qquad 则\ n_B = c_B V$$

$$n_B = \frac{m_B}{M_B} \qquad 则\ m_B = n_B M_B$$

$$\therefore m_B = c_B \cdot V \cdot M_B$$

又 $\because \rho_B = \frac{m_B}{V}$

$$\therefore \rho_B = \frac{c_B \cdot V \cdot M_B}{V} = c_B M_B \ 或 \ c_B = \frac{\rho_B}{M_B}$$

例 2-14：生理盐水是 9g/L 的 NaCl 溶液，则生理盐水的物质的量浓度是多少？

解：$\because \rho_{NaCl} = 9g/L \qquad M_{NaCl} = 58.5g/mol$

$$\therefore c_{NaCl} = \frac{\rho_{NaCl}}{M_{NaCl}} = \frac{9g/L}{58.5g/mol} = 0.154mol/L$$

答：9g/L 的 NaCl 溶液的物质的量浓度是 0.154mol/L。

例 2-15：2mol/L NaOH 溶液的质量浓度是多少？

解：$\because c_{NaOH} = 2mol/L \qquad M_{NaOH} = 40g/mol$

$$\therefore \rho_{NaOH} = c_{NaOH} \times M_{NaOH} = 2mol/L \times 40g/mol = 80g/L$$

答：2mol/L NaOH 溶液的质量浓度是 80g/L。

## （二）物质的量浓度与质量分数间的换算

根据物质的量浓度、质量分数及相关公式：

$$\because c_B = \frac{n_B}{V} \qquad 则 n_B = c_B V$$

$$n_B = \frac{m_B}{M_B} \qquad 则 m_B = n_B \cdot M_B$$

$$\therefore m_B = c_B \cdot V \cdot M_B$$

$$又 \because \omega_B = \frac{m_B}{m} \qquad m = \rho V$$

$$\therefore m_B = \omega_B \cdot m = \omega_B \cdot \rho \cdot V = c_B \cdot V \cdot M_B$$

$$\therefore c_B = \frac{\omega_B \cdot \rho}{M_B} 或 \omega_B = \frac{c_B \cdot M_B}{\rho}$$

例 2-16：已知硫酸溶液的质量分数 $\omega_B = 0.98$，$\rho = 1.84 kg/L$，计算此硫酸溶液的物质的量浓度。

解：$\because \omega_B = 0.98$，$\rho = 1.84 kg/L = 1840 g/L \qquad M_{H_2SO_4} = 98 g/mol$

$$\therefore c_{H_2SO_4} = \frac{\omega_{H_2SO_4} \rho_{H_2SO_4}}{M_{H_2SO_4}} = \frac{0.98 \times 1840 g/L}{98 g/mol} = 18.4 mol/L$$

答：此硫酸溶液的物质的量浓度为 18.4mol/L。

例 2-17：密度为 1.08kg/L 的 2mol/L NaOH 溶液，计算此溶液的质量分数。

解：$\because c_{NaOH} = 2 mol/L \qquad \rho = 1.08 kg/L = 1840 g/L \qquad M_{NaOH} = 40 g/mol$

$$\therefore \omega_B = \frac{c_B M_B}{\rho} = \frac{2 mol/L \times 40 g/mol}{1080 g/L} = 0.074$$

答：此 NaOH 溶液的质量分数为 0.074。

## 四、溶液配制和稀释

### （一）溶液配制

在实际工作中，常需要配制一定浓度的溶液。当用质量分数表示溶液浓度时，计算出溶质、溶剂的质量后，将这一定量的溶质和溶剂混合均匀即配制而成。当用物质的量浓度、质量浓度、体积分数表示时，通常按以下两种方法配制溶液。

考点提示

溶液配制和稀释

1. 一定质量的溶液的配制

例 2-18：如何配制 200g $\omega_B = 0.2$ 的 NaCl 溶液？

解：①计算：200g 溶液中 NaCl 的质量：

$$\because m = 200 g$$

$$\omega_B = \frac{m_B}{m}$$

$$\therefore m_{NaCl} = w_{NaCl} \times m = 0.2 \times 200 = 40 g$$

配制该溶液所需水的质量：

$$m_{H_2O} = 200 g - 40 g = 160 g$$

②称量：用托盘天平称取 40 克 NaCl，倒入 200ml 烧杯中，再用量筒取 160ml 水倒入同一烧杯中。

③搅拌、溶解：用玻璃棒不断搅拌使 NaCl 完全溶解，混合均匀即可。

2. 一定体积的溶液的配制

例 2-19：如何配制 500ml 的生理盐水？

解：①计算：所需溶质 NaCl 的质量。

∵ $\rho(NaCl)=9g/L$    $V=500ml=0.5L$

$$\rho_B=\frac{m_B}{V}$$

∴ $m(NaCl)=\rho(NaCl)V=9g/L\times0.5L=4.5g$

②称量：用托盘天平称取 4.5g NaCl 置于 100ml 烧杯中。

③溶解：用量筒量取 50ml 蒸馏水倒入烧杯中，搅拌至 NaCl 完全溶解。

④转移：用玻璃棒将烧杯中的 NaCl 溶液引流入 500ml 的量筒中，再用少量蒸馏水洗涤烧杯 2～3 次，并把洗涤液注入到量筒中。

⑤定容：向量筒中加蒸馏水，当溶液液面离 500ml 刻度线约 1cm 左右时，改用胶头滴管滴加直至溶液的凹液面最低处与刻度线平视相切。

⑥混匀：用玻璃棒搅拌混匀即可。

**（二）溶液稀释**

在实际应用中，常常要把浓度大的溶液转变成浓度小的溶液，即溶液的稀释。

1. 在浓溶液中加入溶剂　溶液稀释的特点是溶液的体积变大，而溶质的量保持不变。

稀释前溶质的量＝稀释后溶质的量

若稀释前溶液的浓度用 $c_{B_1}$、$\rho_{B_1}$、$\varphi_{B_1}$ 表示，体积为 $V_1$；稀释后溶液的浓度用 $c_{B_2}$、$\rho_{B_2}$、$\varphi_{B_2}$ 表示，体积为 $V_2$。

则稀释公式表示为：

$$c_{B_1}V_1=c_{B_2}V_2$$
$$\rho_{B_1}V_1=\rho_{B_2}V_2$$
$$\varphi_{B_1}V_1=\varphi_{B_2}V_2$$

当溶液的浓度用质量分数 $\omega_B$ 表示，溶液的质量用 $m$ 表示时，则稀释公式为：

$$\omega_{B_1}m_1=\omega_{B_1}m_2$$

稀释前后必须用同一浓度表示法，体积用同一体积单位。若稀释前后浓度表示法和体积单位不同，要换算一致后方可代入稀释公式计算。

例 2-20：要配制 1900ml$\varphi_B$=0.75 消毒酒精，需 $\varphi_B$=0.95 的酒精溶液多少 ml？

解：∵ $\varphi_{B_1}=0.95$    $\varphi_{B_2}=0.75$    $V_2=1900ml$

$$\varphi_{B_1}V_1=\varphi_{B_2}V_2$$

∴ $V_1=\dfrac{\varphi_{B_2}\cdot V_2}{\varphi_{B_1}}=\dfrac{0.75\times1900ml}{0.95}=1500ml$

答：需 $\varphi=0.95$ 的酒精溶液 1500ml。

例 2-21：配制 0.2mol/L 盐酸溶液 100ml，需取 2mol/L 盐酸溶液多少 ml？

解：∵ $c_{B_1}=2mol/L$    $c_{B_2}=0.2mol/L$    $V_2=100ml$

$$c_{B_1}V_1=c_{B_2}V_2$$

∴ $V_1=\dfrac{c_{B_2}V_2}{c_{B_1}}=\dfrac{0.2mol/L\times100ml}{2mol/L}=10ml$

答：需取 2mol/L 盐酸溶液 10ml。

2. 将同种溶质不同浓度的两种溶液混合

混合前不同浓度溶液中溶质总量＝混合后溶液中溶质的量

$$c_{B_1}V_1 + c_{B_2}V_2 = C_B(V_1 + V_2)$$

例 2-22：要配制 1mol/L 的 HCl 溶液 500ml，需要 0.5mol/L 和 1.5mol/L 的 HCl 溶液各多少 ml？

解：∵ $c_{B_1}$＝0.5mol/L　　$c_{B_2}$＝1.5mol/L　　$c_B$＝1mol/L　　$V$＝500ml

$c_B V_1 + c_{B_2} V_2 = c_B(V_1 + V_2)$

∴ 0.5mol/L×$V_1$＋1.5mol/L×(500-$V_1$)＝1mol/L×500ml

∴ $V_1$＝250ml　　　$V_2$＝250ml

答：需要 0.5mol/L 和 1.5mol/L 的 HCl 溶液各 250ml。

# 第三节　溶液的渗透压

## 一、渗透现象及渗透压

如果在一杯清水中滴入一滴蓝墨水，会有什么现象发生？这是什么原因呢？实验显示，最后整杯水都变成蓝色，这种现象是由于溶剂分子和溶质分子相互扩散的结果。当两种浓度不同的溶液混合时也会发生扩散现象，最后形成浓度均匀的溶液。

自然界中存在一种特殊的"扩散现象"—渗透现象，渗透现象是通过半透膜进行的，在动植物的生命过程中起着非常重要的作用。

只允许较小溶剂分子自由通过而溶质分子很难通过的薄膜称为半透膜。半透膜有天然存在的，如生物的细胞膜、鸡蛋膜、动物的膀胱膜、肠衣等；也可人工制得，如羊皮纸、火棉胶、玻璃纸等。不同的半透膜半透性不同，同一半透膜在不同条件下半透性能也可以不同。

 案例

如图 2-1 所示，把一个长颈漏斗口用半透膜扎紧，安装固定在烧杯中。烧杯中装入水，漏斗内装入 500g/L 蔗糖溶液，使烧杯和长颈漏斗的液面相平。

放置一段时间后，会发生什么现象呢？原因是什么？

放置一段时间，糖水的液面逐渐上升，达到一定高度不再上升，而水的液面随之降低。这种溶剂分子透过半透膜由纯溶剂进入溶液（或由稀溶液进入浓溶液）的现象称为渗透现象，简称渗透。产生渗透现象必须具备两个条件：一是半透膜存在；二是半透膜两侧溶液有浓度差。

产生渗透现象的原因，是由于半透膜两侧水的浓度（单位体积内水分子个数）不相等，因此单位时间内从纯溶剂（或稀溶液）透过半透膜进入溶液（或浓溶液）的水分子多，产生渗透现象。结果表现为水不断透过半透膜渗入糖水中，使糖水的浓度逐渐变稀而体

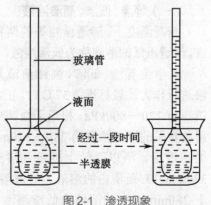

图 2-1　渗透现象

15

积逐渐增大，溶液的液面上升。

随着渗透作用的进行，管内、外液面高度差逐渐增大，产生的静水压使纯水中的水分子进入糖水的速度逐渐减慢，当糖水的液面达到一定高度不再上升时，水分子向两个方向渗透的速度相等，即单位时间内水分子从纯水中进入糖水的数目与从糖水溶液进入纯水中的数目相等，渗透达到动态平衡，称为渗透平衡。此时，管内液柱所产生的压强即为该溶液的渗透压。将两种浓度不同的溶液用半透膜隔开，恰能阻止渗透现象继续发生，而达到动态平衡的压力，称为渗透压。渗透压的单位为帕(Pa)或千帕(kPa)，医学上常用千帕(kPa)。

必须注意，用半透膜将稀溶液与浓溶液隔开，同样也能产生渗透压。

## 二、渗透压与溶液浓度的关系

实验证明：稀溶液渗透压的大小与单位体积溶液中所含溶质的粒子数(分子或离子)及绝对温度成正比，而与溶质的本性无关，这个规律称为渗透压定律。

溶液中能产生渗透现象的各种溶质粒子(分子或离子)的总浓度叫做渗透浓度，常用 mmol/L 表示。相同温度下，渗透浓度越大，渗透压越大；渗透浓度越小，渗透压就越小。如果比较两种溶液渗透压大小，只需比较两者的渗透浓度大小即可。因此常用溶液渗透浓度的高低来衡量溶液渗透压的大小。

对于非电解质溶液，溶质粒子是分子，故非电解质溶液的渗透浓度等于非电解质溶液的物质的量浓度。对于强电解质溶液，强电解质分子在溶液中全部电离成离子，所以强电解质溶液的渗透浓度就是电解质电离出的阴、阳离子的物质的量浓度的总和。不同电解质溶液，即使物质的量浓度相等，渗透压也未必相等。

例 2-23：相同温度下，比较 0.1mol/L 葡萄糖溶液、NaCl 溶液、$CaCl_2$ 溶液的渗透压大小。

解：NaCl、$CaCl_2$ 在水中的离解情况如下：

$$NaCl = Na^+ + Cl^-$$
$$CaCl_2 = Ca^{2+} + 2Cl^-$$

0.1mol/L 葡萄糖溶液渗透浓度是 100mmol/L

0.1mol/L 的 NaCl 溶液渗透浓度是 200mmol/L

0.1mol/L 的 $CaCl_2$ 溶液渗透浓度是 300mmol/L

所以 0.1mol/L 的 $CaCl_2$ 溶液渗透压最大，0.1mol/L 葡萄糖溶液渗透压最小。

## 三、渗透压在医学上的应用

### (一)等渗、低渗、高渗溶液

相同温度下，渗透压相等的两种溶液称为等渗溶液。渗透压不等的两种溶液，相对而言，渗透压低的溶液称为低渗溶液，渗透压高的溶液称为高渗溶液。

医学上等渗、低渗、高渗溶液是以人体血浆总渗透压作为比较标准。37℃时，正常人体血浆的渗透压为 720～800kPa，相当于血浆中能产生渗透作用的粒子的渗透浓度为 280～320mmol/L 时所产生的渗透压。所以医学上规定凡渗透浓度在 280～320mmol/L 范围内的溶液为等渗溶液；渗透浓度低于 280mmol/L 的溶液为低渗溶液；渗透浓度高于

**考点提示**

1. 什么是等渗、低渗、高渗溶液
2. 医学上常用的等渗溶液和高渗溶液

320mmol/L 的溶液为高渗溶液。

临床上常用的等渗溶液有：

0.278mol/L（50g/L）葡萄糖溶液

0.154mol/L（9g/L）NaCl 溶液（生理盐水）

0.149mol/L（12.5g/L）NaHCO$_3$ 溶液

0.167mol/L（18.7g/L）乳酸钠（NaC$_3$H$_5$O$_3$）溶液

临床上常用的高渗溶液有：

2.78mol/L（500g/L）葡萄糖溶液

0.56mol/L（100g/L）葡萄糖溶液

0.60mol/L（50g/L）NaHCO$_3$ 溶液

1.10mol/L（200g/L）甘露醇溶液

0.278mol/L 葡萄糖 - 氯化钠溶液（即生理盐水中含 0.278mol/L 葡萄糖，其中生理盐水维持渗透压，葡萄糖则供给热量和水）

输液是临床治疗中最常用的方法之一，输液必须遵循的基本原则是不因输入液体而影响血浆渗透压，所以大量输液时，必须使用等渗溶液。

> 💡 考点提示
>
> 临床上输液原则

### （二）晶体渗透压与胶体渗透压

人体血浆中由小分子（如葡萄糖）和小离子（Na$^+$、Cl$^-$、HCO$_3^-$ 等）所产生的渗透压称为晶体渗透压，对维持细胞内外水盐平衡起主要作用；由大分子和大离子胶体物质（如蛋白质、核酸等）所产生的渗透压称为胶体渗透压，对维持血容量和血管内外水盐平衡起主要作用。血浆总渗透压等于晶体渗透压和胶体渗透压之和。

临床上对大面积烧伤或由于失血过多而造成血容量降低的病人进行补液时，在补以生理盐水的同时还需输入血浆或右旋糖酐，以提高血浆胶体渗透压，扩充血容量。

> 💡 考点提示
>
> 晶体渗透压和胶体渗透压在医学上的意义

下面讨论红细胞在等渗、低渗和高渗溶液中所产生的现象。①输入大量低渗溶液，红细胞逐渐膨胀甚至破裂，医学上称这种现象为溶血。这是因为大量输入低渗溶液，降低血浆渗透压，水分子通过细胞膜向细胞内渗透；②输入大量高渗溶液，红细胞逐渐缩小，这种现象叫做胞浆分离。这是因为大量输入高渗溶液，使血浆渗透压增高，红细胞内的水分子向外渗透。皱缩的红细胞易黏在一起形成"团块"，它能堵塞小血管而形成血栓；③输入等渗溶液，维持正常的血浆渗透压，使红细胞维持正常的形态和生理活性，如图 2-2。

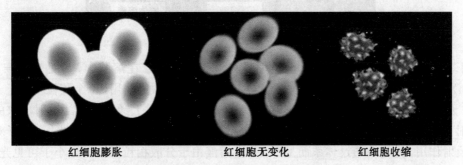

红细胞膨胀　　　　　红细胞无变化　　　　　红细胞收缩

图 2-2　细胞在不同浓度溶液中的形态

临床上为了治疗上的需要也经常用高渗溶液。如对急需增加血液中葡萄糖的患者，如用等渗溶液，注射液体积太大，所需注射时间太长，反而不易收效。用高渗溶液作静脉注射时，用量不能太大，注射速度要缓慢，否则易造成局部高渗引起红细胞皱缩。当高渗溶液缓慢注入人体内时，可被大量体液稀释成等渗溶液。

**相关知识链接**

#### 血液透析（hemodialysis，HD）

血液透析是血液净化的一种方式，目的在于替代肾衰竭所丢失的清除代谢废物、调节水、电解质和酸碱平衡的部分功能。该法就是利用半透膜原理，将患者血液与透析液同时引入透析器内，利用膜两侧溶质浓度差，达到清除体内水分及代谢产物和毒性溶质或向体内补充所需溶质，维持电解质和酸碱平衡的治疗目的，并将经过净化的血液回输的整个过程称为血液透析。

# 第四节　胶体溶液

胶体溶液的种类很多，根据分散剂的不同分为三类：液溶胶、气溶胶、固溶胶。分散剂为液体的称液溶胶，如硅酸溶胶、氢氧化铁溶胶等；分散剂是气体的称气溶胶，如空气、烟、雾等；分散剂是固体的称固溶胶，如有色玻璃等。在这里我们主要讨论液溶胶，简称溶胶。

## 一、溶胶的基本性质

溶胶的胶粒是由数目巨大的原子（分子、离子）构成的聚集体，直径为 1～100nm 的胶粒分散在介质中，形成热力学不稳定的分散系统，具有一些特殊的性质。

### （一）光学性质—丁铎尔现象

在暗室中用一束强光照射溶胶，在与光束垂直方向观察，可以看到溶胶中有一束浑浊发亮的光柱，这一现象是 1869 年由英国物理学家丁铎尔（Tyndal）发现的，所以称丁达尔现象或乳光现象，如图 2-3 所示。

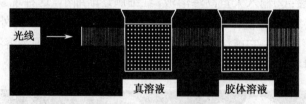

光线 →

真溶液　　胶体溶液

图 2-3　丁铎尔现象

丁铎尔现象的产生与胶粒大小及可见光波长 $\lambda$ 有关。在溶胶中，可见光（$\lambda = 400\sim700nm$）照射到胶粒（1～100nm）上时，胶粒主要对光起到散射作用，每个胶粒相当于一个发光点，无数个发光点聚集就形成了一束明亮的光柱，产生了丁铎尔现象。散射出来的光称为散射光也称乳光。对于粗分散系，由于分散相粒子直径远大于可见光波长，粒子对光主要起反射作用，光无法透过体系而呈浑浊；真溶液由于分散相粒子直径远小于可见光波长，散射作用十分微弱，光线大部分可通过而不受阻，发生透射作用，此时体系表现出澄清、透明。因此，利用丁铎尔现象可以区别真溶液、胶体溶液和粗分散系。

### （二）动力学性质—布朗运动

在超显微镜下观察溶胶，可以看到胶粒不断地做无规则运动，这种运动最早是1826年由英国植物学家布朗用显微镜观察悬浮在水中的花粉时发现的，故称为布朗运动。布朗运动的发生主要是胶粒受到分散介质分子无规则地从各个方向撞击的合力未能被完全抵消而引起的。

胶粒越小，温度越高布朗运动越明显。布朗运动可使胶粒不下沉，因而是溶胶的一个稳定因素，即溶胶具有动力学稳定性。

### （三）电学性质—电泳现象

如图2-4，在U形管中加入红棕色$Fe(OH)_3$溶胶，然后在溶胶液面上小心加入无色NaCl溶液（主要起导电作用），使溶胶与NaCl溶液间保持清晰界面，并使溶胶液面在同一水平高度。在NaCl溶液中插入两个电极，接通直流电。

（1）观察一段时间后，会发生什么现象？

（2）发生该现象的原因是什么？

一段时间后，阴极一端液面上升，而阳极一端液面下降，这说明胶粒向阴极移动。胶粒在外电场作用下，在分散介质中定向移动的现象称为电泳。

胶粒能发生电泳，说明它们带有电荷。根据胶粒电泳时移动方向，可以确定胶粒所带电荷的种类。大多数金属硫化物、非金属氧化物、硅酸、金、银等溶胶，胶粒带负电荷，电泳时向阳极移动；大多数金属氧化物和金属氢氧化物溶胶，胶粒带正电荷，电泳时向阴极移动。

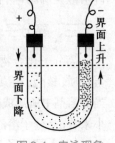

图2-4　电泳现象

胶粒带电的原因有两个：离解作用和吸附作用。

离解作用：一些胶粒表面的分子发生离解而使胶体带电，如硅胶。

$$H_2SiO_3 = 2H^+ + SiO_3^{2-}$$

吸附作用：胶粒表面积大，是热力学不稳定体系，具有很强的吸附能力。胶粒的吸附具有一定的选择性，它易吸附和本身结构有关的离子，如用$AgNO_3$和KI作用制备AgI胶体。

$$AgNO_3 + KI = AgI + KNO_3$$

在形成溶胶时，若$AgNO_3$过量，则AgI胶粒吸附$Ag^+$而带正电荷；若KI过量，则AgI胶粒吸附$I^-$而带负电荷。

电泳技术在蛋白质、氨基酸和核酸等物质的分离和鉴定方面有广泛的应用。例如在临床生化检验中，应用电泳法分离血清中各种蛋白质，为疾病的诊断提供依据。

## 二、溶胶的稳定性和聚沉

### （一）溶胶的稳定性

溶胶具有相对稳定性，除了胶粒的布朗运动克服重力下沉外，主要原因是胶粒带电和水化膜作用。

1. **胶粒带电**　同一种溶胶的胶粒带相同电荷，胶粒间的静电排斥力阻止胶粒互直接近而聚集成较大颗粒沉降下来。胶粒带电越多，排斥力越强，胶粒越稳定。

2. **水化膜作用**　吸附在胶粒表面离子对水分子具有吸附作用，在胶粒表面形成一层水

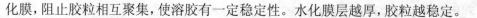

化膜,阻止胶粒相互聚集,使溶胶有一定稳定性。水化膜层越厚,胶粒越稳定。

### (二)溶胶的聚沉

消除或减弱溶胶的稳定性因素,胶粒就会相互聚集成较大颗粒而沉淀,称为聚沉。胶粒由小变大的过程,称为聚集。促使溶胶聚沉的主要方法有:

1. 加入少量电解质 电解质离解出的与胶粒带相反电荷离子能将胶粒电荷部分或全部中和,胶粒的水化作用也随之变弱或消失,从而使溶胶聚沉。

电解质对溶胶聚沉能力不仅与电解质的浓度有关,还决定于反离子(电解质离解出的,与胶粒带相反电荷的离子)的电荷数。反离子电荷数越大,聚沉能力越强。如胶粒带正电荷的氢氧化铁溶胶中加入相同浓度的 $KCl$、$K_2SO_4$、$K_3PO_4$ 溶液时,则聚沉能力为 $K_3PO_4>K_2SO_4>KCl$;胶粒带负电荷的碘化银溶胶加入相同浓度的 $NaCl$、$CaCl_2$、$AlCl_3$ 溶液时,则聚沉能力为 $AlCl_3>CaCl_2>NaCl$。

2. 加入带相反电荷的溶胶 带相反电荷的溶胶按适当比例混合致使胶粒所带电荷被中和而发生聚沉。如明矾水解产生 $Al(OH)_3$ 正溶胶与水中带负电荷的悬浮物相互聚沉,达到净水目的。

3. 加热 加热能加快胶粒的运动速度,使胶粒碰撞机会增多,同时降低胶粒对离子吸附作用,降低胶粒所带电量和水化程度,使胶粒更易相互碰撞而发生聚沉。例如,加热硫化砷溶液至沸腾,可析出黄色的硫化砷沉淀。

## 三、高分子溶液

高分子化合物是由几千甚至几万个原子组成,相对分子量在 1 万以上的大分子化合物。蛋白质、核酸、糖原等都是与生命有关的生物高分子。高分子化合物溶液是指高分子溶解在适当的溶剂中所形成的溶液。高分子溶液分散相粒子是单个分子,本质是真溶液;从粒子直径大小来看,高分子溶液又属胶体分散系,具有溶胶的某些性质,如布朗运动、不能透过半透膜。

### (一)高分子溶液的特性

1. 稳定性大 稳定性与真溶液相似,在无菌及溶剂不蒸发的情况下,可以长期放置不沉淀。这是因为高分子化合物具有许多亲水基团,具有很强的水化作用,其水化膜比溶胶粒子的水化膜更厚更紧密,因而比溶胶更稳定。

溶胶中加入少量电解质就可使溶胶聚沉。高分子溶液中必须加入大量电解质,才能使高分子化合物从溶液中析出,此过程叫做盐析。

2. 黏度大 高分子具有线性结构和分支结构,在溶液中可以牵引分散剂,使其运动困难。高分子溶液的黏度比溶液或溶胶大。

表2-2 高分子溶液与溶胶性质的比较

| 性质 | 高分子溶液 | 溶胶 |
| --- | --- | --- |
| 稳定性 | 均匀稳定 | 相对稳定 |
| 扩散速率 | 慢 | 慢 |
| 半透膜 | 不能透过 | 不能透过 |
| 渗透压 | 大 | 小 |
| 丁铎尔现象 | 微弱 | 明显 |
| 加入电解质 | 大量发生聚沉 | 小量发生聚沉 |
| 黏度 | 大 | 小 |

### （二）高分子化合物溶液对溶胶的保护作用

在溶胶中加入一定量的高分子化合物溶液，能显著地增强溶胶的稳定性，当溶胶受到外部因素的影响时，不易发生聚沉，这种现象叫做高分子化合物对溶胶的保护作用。高分子化合物溶液对溶胶的保护作用，是由于高分子物质被吸附在胶粒的表面上，包裹住胶粒，在胶粒表面形成一层高分子保护膜，并使其对介质的亲和力增强，从而增加了溶胶的稳定性。

1. 高分子化合物溶液对溶胶的保护作用在人体生理过程的重要意义　血液中存在的微溶性的无机盐（如碳酸钙、磷酸钙等）不会生成沉淀，就是因为这些难溶性盐在血液中以溶胶形式存在，并且被血液中的蛋白质等高分子化合物保护着，因而它们在血液中能稳定存在，并随着血液的流动运输到组织被摄取利用。若发生某些疾病使血液中蛋白质减少，就削弱了蛋白质对这些盐类溶胶的保护作用，微溶性盐类溶胶就可能发生聚沉，沉积在肾、胆囊及其他器官中形成结石。

**考点提示**

高分子溶液对溶胶保护作用在医学上的应用

2. 高分子化合物溶液的保护作用在药学中有重要意义　医药上用于胃肠道造影的硫酸钡合剂，必须在硫酸钡溶胶中加入适量的高分子化合物阿拉伯胶起保护作用，防止硫酸钡细粉下沉，当病人服用后，硫酸钡胶浆就能均匀地粘着在胃肠壁上形成薄膜，有利于造影检查。

医用防腐剂胶体银（蛋白银）和一些乳剂等都加有蛋白质或阿拉伯胶、琼脂等可溶性高分子化合物，目的就在于利用这些高分子化合物对溶胶保护作用，以提高这些药物的稳定性。

 **知识链接**

#### 凝胶

凝胶是高分子化合物和某些胶体溶液，在一定条件下，黏度增大到一定程度时，整个体系形成一种不能流动的弹性固体，又称冻胶。例如，鱼汤和肉汤放置一定时间所形成的"鱼冻"和"肉冻"就是凝胶。

凝胶可分为弹性凝胶和脆性凝胶。有些凝胶经烘干后，体积缩小，但仍保持弹性的称为弹性凝胶，如动物体内的肌肉、软骨、皮肤等。另一些凝胶烘干后，体积变化不大，但失去弹性，并易研碎，称为脆性凝胶。

干燥的弹性凝胶能吸收适当的液体而膨胀，这个过程称为膨润。分为有限膨润（膨润只能达到一定程度）和无限膨润（无限吸收溶剂，最后形成溶液）。例如，木材在水中的膨润是有限膨润，阿拉伯树胶在水中的膨润是无限膨润。

在生理过程中膨润起着重要作用。有机体愈年轻，膨润能力愈强，随着有机体逐渐衰老，膨润能力也逐渐减弱，皮肤出现的皱纹就是膨润能力减弱的表现，血管硬化也是由于构成血管壁的凝胶失去膨润能力。

**本章小结**

### 一、物质的量

| 知识点 | 知识内容 |
|---|---|
| 物质的量 | 表示以某一特定数目的粒子为集体数目及其倍数的物理量。<br>符号 $n_B$ 或 $n(B)$ |
| 摩尔 | 是物质的量的单位,符号是 mol。它是指一系统的物质的量,该<br>系统中所包含的基本单元数与 $0.012kg\ ^{12}C$ 的原子数目相等。<br>$1mol = 10^3 mmol = 10^6 \mu mol$ |
| 摩尔质量 | 1 摩尔物质的质量,符号 $M_B$ 或 $M(B)$。如果以 g/mol 作单位,<br>数值上就等于该种物质的相对原子质量或相对化学式量。 |
| 阿伏伽德罗常数<br>物质的量的计算 | 是 $0.012kg\ ^{12}C$ 所含的原子数目,符号 $N_A = 6.02 \times 10^{23}/mol$。<br>物质的量$(n)$与物质质量$(m)$和摩尔质量$(M)$之间的关系<br>为:$n = \dfrac{N}{N_A}$ |

二、一种或几种物质的微粒,分散在另一种物质中所形成的体系叫分散系。根据分散相粒子大小分为三类:分子或离子分散系、胶体分散系和粗分散系。

溶胶是胶体分散系的一种,具有丁铎尔现象、电泳现象和布朗运动,相对稳定,不如高分子化合物溶液稳定。

### 三、溶液浓度的表示方法

| 溶液浓度 | 物质的量的浓度 | 质量浓度 | 质量分数 | 体积分数 |
|---|---|---|---|---|
| 概念 | 溶液中溶质 B 的物质的量除以溶液的体积 | 溶液中溶质 B 的质量除以溶液的体积 | 指 B 的质量 $m_B$ 与溶液的质量 m 之比 | 指 B 的体积 $V_B$ 与溶液体积 V 之比 |
| 符号 | $c_B$ 或 $c(B)$ | $\rho_B$ 或 $\rho(B)$ | $\omega_B$ 或 $\omega(B)$ | $\varphi_B$ 或 $\varphi(B)$ |
| 关系式 | $c_B = \dfrac{n_B}{V}$ | $\rho_B = \dfrac{m_B}{V}$ | $\omega_B = \dfrac{m_B}{m}$ | $\varphi_B = \dfrac{V_B}{V}$ |
| 单位 | mol/L | g/L | | |

### 四、溶液浓度的换算和稀释

| 知识点 | 知识内容 |
|---|---|
| 质量浓度与物质的量浓度间的换算 | $\rho_B = c_B M_B$ 或 $c_B = \dfrac{\rho_B}{M_B}$ |
| 质量分数与物质的量浓度间的换算 | $c_B = \dfrac{\omega_B \rho}{M_B}$ 或 $\omega_B = \dfrac{c_B M_B}{\rho}$ |
| 稀释公式 | $C_{B_1} V_1 = C_{B_2} V_2 \qquad \rho_{B_1} V_1 = \rho_{B_2} \cdot V_2 \cdot$<br>$\varphi_{B_1} V_1 = \varphi_{B_2} \cdot V_2 \qquad \omega_{B_1} m_1 = \omega_{B_2} m_2$ |

## 五、溶液的渗透压

| 知识点 | 知识内容 |
| --- | --- |
| 渗透现象 | 溶剂分子通过半透膜由纯溶剂进入溶液（或由稀溶液进入浓溶液）的现象,称为渗透现象,简称渗透 |
| 产生渗透现象条件 | 一是有半透膜存在;二是半透膜两侧溶液存在浓度差 |
| 渗透压 | 将两种浓度不同的溶液用半透膜隔开,恰能阻止渗透现象继续发生,而达到动态平衡的压力,称为渗透压,简称渗压 |
| 渗透压与溶液浓度的关系 | 稀溶液渗透压的大小与单位体积溶液中所含的粒子数（分子或离子）及绝对温度成正比,而与溶质的本性无关,称为渗透压规律 |
| 渗透压在医学上的意义 | 临床上规定凡渗透浓度在280～320mmol/L 范围内的溶液称为等渗溶液;浓度低于280mmol/L 的溶液称为低渗溶液;浓度高于320mmol/L 的溶液称为高渗溶液。临床上给病人输入大量液体时,必须使用等渗溶液;若需输高渗溶液,需严格控制用量和注射速度 |

 目标测试

### 一、选择题

1. 下列物质属于溶液的是
    A. 液态氨                     B. 敌敌畏乳油
    C. 泥水                       D. 白酒

2. 在同一温度下,从100ml 的饱和食盐水取出10ml,下列说法正确的是
    A. 溶液由饱和变为不饱和         B. 溶液浓度降低
    C. 该溶液属于混合物            D. 以上都对

3. 在 $0.5mol Na_2SO_4$ 中,含 $Na^+$ 数是
    A. $3.01 \times 10^{23}$                B. $6.02 \times 10^{23}$
    C. 0.5                        D. 1

4. 物质的量是表示
    A. 物质数量的量                B. 物质质量的量
    C. 物质粒子数目的量            D. 物质单位的量

5. 500ml 1mol/L 盐酸与200ml 0.5mol/L 的硫酸溶液相混合,溶液中 $H^+$ 的物质的量浓度为
    A. 1mol/L                 B. 0.75mol/L
    C. 0.86mol/L             D. 0.80mol/L

6. 关于浓度为 $2mol/L$ 的 $Na_2SO_4$,下列叙述中正确的是
    A. 0.5L 水中溶解了 $2mol$ $Na_2SO_4$ 固体
    B. 1L 溶液中含有 $2 \times 6.02 \times 10^{23}$ 个 $Na^+$ 离子
    C. 取 0.5L 该溶液,则 $Na^+$ 的物质的量浓度为 $2mol/L$
    D. 0.5L 溶液中,$Na^+$ 和 $SO_4^{2-}$ 的离子总数为 $3 \times 6.02 \times 10^{23}$ 个

7．下列说法中，正确的是

  A．1mol O 的质量是 32g/mol    B．$OH^-$ 的摩尔质量是 17g

  C．1mol 水的质量是 18g/mol   D．$CO_2$ 的摩尔质量是 44g/mol

8．下列关于胶体的说法中正确的是

  A．胶体外观不均匀      B．胶粒做不停的，无秩序的运动

  C．胶粒不能通过滤纸     D．胶体不稳定，静置后容易产生沉淀

9．下列物质含分子数最少的是

  A．40gNaOH       B．9g$H_2O$

  C．73gHCl        D．147g$H_2SO_4$

10．人体血液平均每 100ml 中含 $K^+$ 19mg，则血液中 $K^+$ 的渗透浓度为（以 mmol/L 表示）

  A．0.0049       B．4.9

  C．49         D．490

11．配制 0.1mol/L 乳酸钠（$NaC_3H_5O_3$）溶液 250ml，需用 112g/L 乳酸钠溶液体积为

  A．50ml        B．40ml

  C．25ml        D．15ml

12．使红细胞发生皱缩的是

  A．12.5g/L 的 $NaHCO_3$ 溶液   B．1g/L NaCl

  C．112g/L 的 $NaC_3H_5O_3$ 溶液   D．50g/L 的葡萄糖溶液

13．临床上大量补液用

  A．高渗溶液       B．等渗溶液

  C．低渗溶液       D．任何溶液

14．在 37℃ 时，NaCl 溶液与葡萄糖溶液的渗透压相等，则两溶液的物质的量浓度有以下关系

  A．$c(NaCl)=c(葡萄糖)$    B．$c(NaCl)=2c(葡萄糖)$

  C．$2c(NaCl)=c(葡萄糖)$    D．$c(NaCl)=3c(葡萄糖)$

15．区别真溶液与胶体溶液的简单方法是

  A．加入溶质       B．丁达尔现象

  C．过滤         D．加水

16．下列属于等渗溶液的是

  A．0.1mol/L 的 NaCl 溶液与 0.2mol/L 的 $MgSO_4$ 溶液

  B．0.1mol/L 的 KCl 溶液与 0.1mol/L 的葡萄糖溶液

  C．0.15mol/L KCl 溶液与 0.1mol/L 的 $MgCl_2$ 溶液

  D．180g/L 葡萄糖溶液与 180g/L 蔗糖溶液

17．欲使被半透膜隔开的两种溶液处于渗透平衡，则必须有

  A．两溶液物质的量浓度相同  B．两溶液体积相同

  C．两溶液的质量相同    D．两溶液渗透浓度相同

18．与溶胶相比，高分子溶液的特性是

  A．电泳现象       B．丁达尔现象

  C．能通过滤纸      D．黏度大

19．用 12.6g $NaHCO_3$ 溶液配制溶液为 0.15mol/L 溶液，其体积为

A. 0.1L                              B. 1L

C. 1ml                              D. 1000L

20. 对氢氧化铁正胶体聚沉能力最大的是

A. $Na_2CO_3$                         B. NaCl

C. $CaCl_2$                           D. $Na_3PO_4$

### 二、填空题

1. 溶胶分子具有稳定性的主要原因是（          ），高分子溶液具有稳定性的主要原因是（     ）.

2. 0.6mol/L 葡萄糖溶液和（          ）mol/L 的 NaCl 溶液等渗。

3. $HNO_3$ 摩尔质量 $M(HNO_3)$=（          ），2mol 的 $HNO_3$ 质量 $m(HNO_3)$=（          ）。

4. 晶体渗透压是由（          ）产生的渗透压，其主要生理功能为（          ）；胶体渗透压是由（          ）产生的渗透压，其主要功能为（          ）。

5. 44 克 $CO_2$ 中分子数 $N(CO_2)$=（          ），氧原子个数 $N(O)$=（          ）。

6. 用高渗溶液作静脉注射时，用量不能太（     ），注射速度要（          ）。

7. 血清中每 100ml 含 $Ca^{2+}$ 10mg，其渗透浓度是（          ）。

8. 将红细胞放入某氯化钠溶液中出现破裂，该溶液为（     ）溶液。

9. 2mol/L 的 $CaCl_2$ 溶液 1L 中含有（     ）mol $Ca^{2+}$，（     ）mol $Cl^-$。

10. 稀溶液渗透压大小与单位体积溶液中所含（          ）及（          ）成正比，而与（          ）无关。

### 三、简答题

1. 人在淡水中游泳，眼睛会红、胀并有疼痛的感觉，而在海水中游泳又会感到干涩，为什么？

2. 比较 0.1mol/L 蔗糖溶液、0.1mol/L $CaCl_2$ 溶液和 0.1mol/L $Na_3PO_4$ 溶液渗透压大小。

3. 产生渗透现象的条件是什么？

4. 为什么在长江、珠江等河流的入海处都有三角洲的形成？

5. 大分子溶液与小分子溶液有哪些相同点与不同点？

### 四、计算题

1. 如何用 98% 的浓硫酸（密度为 1.84g/ml）配制 1.0mol/L 的硫酸溶液 500ml？

2. 某患者需要补 0.04mol 的 $K^+$，问需要多少支 100g/L 的 KCl 针剂（每支 10ml）加到葡萄糖溶液中静脉滴注？

3. 在 500ml 水中，加入 100ml 的 32%、密度为 1.20g/ml 的 $HNO_3$，所得 $HNO_3$ 溶液的密度为 1.03g/ml，求此溶液物质的量浓度和质量分数。

4. 1.17g/L 的氯化钠溶液所产生的渗透压与质量浓度为多少的葡萄糖溶液产生的渗透压相等？

（赵　红）

# 第三章 物质结构和元素周期律

 **学习目标**

1. **掌握** 原子的组成和1～20号元素的核外电子排布；同周期、同主族元素性质的递变规律。
2. **熟悉** 同位素的定义及其在医学上的应用；离子键和共价键的概念，会判断离子化合物和共价化合物；极性分子和非极性分子；分子间作用力和氢键的概念及其对化合物的影响。

世界上的物质种类繁多，不同的物质具有不同的性质，这都与它们的内部原子结构不同有关；而元素周期律的基础知识就像一根主线，把各类物质"零散式"的化学性质和化学变化串联起来，形成规律性，为后面章节内容的学习打下坚实基础。

## 第一节 原 子 结 构

### 一、原子组成

1911年，英国物理学家卢瑟福用带正电的 α 微粒轰击金箔时，发现绝大多数 α 微粒能顺利穿过金箔，而且不改变原来的方向，少数 α 微粒发生很大的偏转，有个别 α 微粒反弹回来，如图3-1所示。

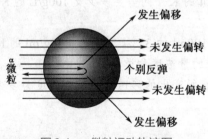

图3-1 α微粒运动轨迹图

卢瑟福通过以上实验，提出了原子的天体模型：即每个原子中心都有一个带正电荷的原子核，核外有若干个带负电荷的电子绕核高速旋转，核外电子数取决于原子核的正电荷数。20世纪初通过人工核裂变发现了原子核是由质子和中子组成。质子带正电荷，电量与一个电子所带的负电荷量相等,中子不带电,如图 3-2 所示。由此可知:核电荷数=核内质子数=核外电子数。

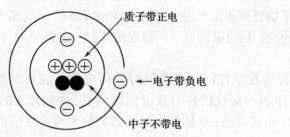

质子带正电

电子带负电

中子不带电

图 3-2 原子结构和电性示意图

构成原子的粒子及其性质见表 3-1。

表 3-1 构成原子的粒子及其性质

| 构成原子的粒子 | 电性和电量 | 质量 /kg | 相对质量 |
| --- | --- | --- | --- |
| 质子 | 带 1 个单位正电荷 | $1.6726 \times 10^{-27}$ | 1.007 |
| 中子 | 电中性 | $1.6748 \times 10^{-27}$ | 1.008 |
| 核外电子 | 带 1 个单位负电荷 | $9.1049 \times 10^{-31}$ | 1/1836 |

从表 3-1 可以看出,构成原子的三种微粒的质量都很小,其中电子的质量最小,仅约为质子或者中子质量的 1/1836。由于它们的质量书写和使用都不方便,故在国际上一致采用相对质量来描述,并常取相对质量的近似整数值。例如电子和中子的相对质量数值为 1。如果忽略电子的质量,将原子核内所有质子和中子的相对质量取近似整数值并相加所得的数值称为质量数,用符号 A 表示。质子数用符号 Z 表示,中子数用符号 N 表示。则

$$质量数(A)=质子数(Z)+ 中子数(N)$$

通过此式子得知:只要知道质量数、质子数和中子数三者中的任意两个,即可求出另外一个数值。

如果以 $^A_Z$X 代表一个质量数为 A、质子数(核电荷数)为 Z 的原子,则构成原子的粒子间的关系如下:

$$原子(^A_ZX) \begin{cases} 原子核 \begin{cases} 质子Z个 \\ 中子(A-Z)个 \end{cases} \\ 核外电子Z个 \end{cases}$$

考点提示

质量数、质子数和中子数三者的关系

## 二、同位素及其在医学中的应用

元素是具有相同的核电荷数(即质子数)的同一类原子的总称。但具有相同质子数的同种元素原子是不是都具有相同数目的中子?氢元素的三种原子的组成,见表 3-2。

表 3-2 氢元素三种原子的组成

| 名称 | 原子符号 | 核电荷数 | 质子数 | 中子数 | 质量数 |
| --- | --- | --- | --- | --- | --- |
| 氕 | $^1_1$H或 H | 1 | 1 | 0 | 1 |
| 氘 | $^2_1$H或 D | 1 | 1 | 1 | 2 |
| 氚 | $^3_1$H或 T | 1 | 1 | 2 | 3 |

从表 3-2 中可以看出：氢元素的三种原子都含有 1 个质子，但中子数各不相同，像这种质子数相同而中子数不同的同种元素的不同原子互称为同位素。在自然界的各种矿物资源和化合物中，各种同位素在同一种元素中所占的比例几乎不变。同位素的原子间物理性质有一定差异，但化学性质几乎相同。

同位素可分为稳定性同位素和放射性同位素。能自发地放出看不见的 α、β 或 γ 射线的称为放射性同位素，如氢元素的同位素 $^3_1H$，可以制作氚气自发光手表，24 小时发光；不能放出射线的则称为稳定性同位素，如氢元素的同位素 $^1_1H$ 和 $^2_1H$。

放射性同位素在医学中应用广泛，如利用射线的杀伤力，可以治疗癌症、灭菌消毒；利用射线可被探测的特性，可以通过测出它的踪迹，做成"示踪原子"，研究药物作用机制、药物的吸收和代谢等；利用射线的能量，可以为人造心脏提供能源。目前，放射性碘（$^{131}_{53}I$）可治疗甲状腺功能亢进；放射性 $^{60}_{27}Co$ 治疗癌症，俗称"放疗"；放射性同位素扫描已成为诊断脑、肝、肾等病变的一种安全、可靠、简便的方法。

## 三、核外电子运动

### （一）电子云

原子核的体积只占原子体积的几千亿分之一，那就意味着电子在原子内有"广阔"的运动空间。电子在原子核外作高速运动，而且并没有确定的轨迹，不能测定或计算出它在某一时刻的位置。

因此，在描述核外电子运动时只能指出它在原子核外空间某处出现的机会（即几率）多少。如果以小黑点代表电子出现过的地方，小黑点的疏密就代表电子在核外出现的几率的大小，化学上常形象地称为电子云。氢原子的电子云如图 3-3。

### （二）核外电子排布规律

图 3-3　氢原子电子云

对于多电子原子，由于电子的能量并不相同，因此，它们在原子核外是分层排布的。能量低的电子通常在离核较近的区域运动，能量高的电子通常在离核较远的区域运动，即电子层。电子层由内向外依次排列成七个层，用符号 n 表示，则 n = 1、2、3、4、5、6、7，这七个电子层又分别称为 K、L、M、N、O、P、Q 层。n 值越小说明电子离核越近，其能量越低；n 值越大，说明电子离核越远，其能量越高。电子总是先排布在能量最低的电子层上，只有当能量最低的电子层排满后，电子才依次排入能量较高的电子层上，这就是核外电子的分层排布。原子核外电子排布的规律可归纳如下：

1. 各电子层最多容纳的电子数目是 $2n^2$ 个。如：

K 层　　　　n=1　　　　最多容纳的电子数为　　　　$2 \times 1^2 = 2$ 个

L 层　　　　n=2　　　　最多容纳的电子数为　　　　$2 \times 2^2 = 8$ 个

M 层　　　　n=3　　　　最多容纳的电子数为　　　　$2 \times 3^2 = 18$ 个

2. 最外层电子数目不超过 8 个（K 层为最外层时不超过 2 个）。

3. 次外层电子数目不超过 18 个。倒数第三层的电子数目不超过 32 个。

以上规律是相互联系的，不能孤立。

**相关知识链接**

**电子亚层**

 同一个电子层内，由于电子的能量稍有差异，电子云的形状也有所不同，一般用s、p、d、f等符号来表示，称作s亚层、p亚层、d亚层、f亚层。其中，K层只有1个亚层，即1s亚层；L层中有2个亚层，分别是2s亚层和2p亚层；M层中有3个亚层，分别是3s亚层、3p亚层、3d亚层；N层中有4个亚层，分别是4s亚层、4p亚层、4d亚层、4f亚层。它们的形状各异，s亚层的电子云是以原子核为中心的球形；p亚层的电子云为哑铃形；d亚层和f亚层的电子云形状较为复杂，不做介绍。

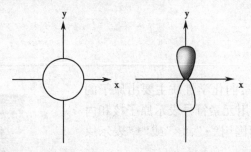

图3-4 s、p电子云形状示意图

### （三）原子核外电子排布的表示方法

 1. 原子结构示意图 用小圆圈表示原子核，+X表示核电荷数，弧线表示电子层，弧线上的数字表示该层的电子数。例如：

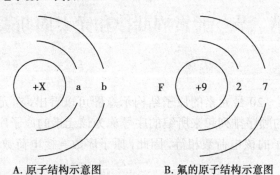

A. 原子结构示意图　　　B. 氟的原子结构示意图

图3-5 原子结构示意图

现将1-20号元素的原子结构示意图列于表3-3中。

表3-3 1~20号元素的原子结构示意图

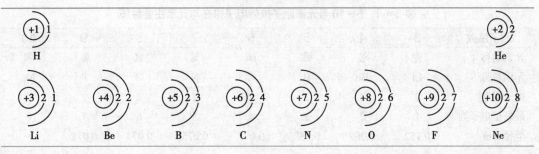

续表

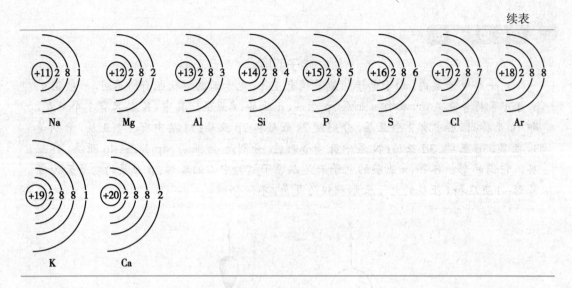

2. 电子式　由于元素的化学性质主要由原子的最外层电子数决定，故常用元素符号表示原子核和内层电子，并在元素符号周围用"·"、"×"或"*"表示原子最外层电子。例如：

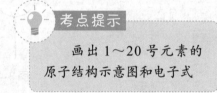

考点提示

画出 1～20 号元素的原子结构示意图和电子式

·Na　　　·Mg·　　　·Al·　　　·Si·　　　·P·　　　·S:　　　:Cl·　　　:Ar:

# 第二节　元素周期律和元素周期表

## 一、元素周期律

从表 3-3 给出的 1～20 号元素的原子结构示意图可以看出，在元素周期表中，按元素的核电荷数由小到大的顺序排列起来所编的序号称为该元素的原子序数。显然，原子序数在数值上与该元素原子的核电荷数相等，因此，原子序数＝核电荷数＝核内质子数＝核外电子数。

随着原子序数的递增，元素原子核外电子的排布呈周期性变化，这必然会导致元素性质的周期性变化，现将核电荷数 3-18 的元素原子的最外层电子数、原子半径、主要化合价、元素的金属性和非金属性、最高价氧化物的水化物的酸碱性等性质列在表 3-4 来加以讨论。

表 3-4-1　3～10 号元素原子核外电子排布与元素主要性质

| 原子序数 | 3 | 4 | 5 | 6 | 7 | 8 | 9 | 10 |
|---|---|---|---|---|---|---|---|---|
| 元素名称 | 锂 | 铍 | 硼 | 碳 | 氮 | 氧 | 氟 | 氖 |
| 元素符号 | Li | Be | B | C | N | O | F | Ne |
| 电子层数 | 2 | 2 | 2 | 2 | 2 | 2 | 2 | 2 |
| 最外层电子数 | 1 | 2 | 3 | 4 | 5 | 6 | 7 | 8 |
| 半径 /nm | 0.152 | 0.089 | 0.082 | 0.077 | 0.075 | 0.074 | 0.071 | — |

续表

| 原子序数 | 3 | 4 | 5 | 6 | 7 | 8 | 9 | 10 |
|---|---|---|---|---|---|---|---|---|
| 主要化合价 | +1 | +2 | +3 | +4<br>−4 | +5<br>−3 | —<br>−2 | —<br>−1 | — |
| 元素性质 | 活泼<br>金属 | 两性<br>金属 | 不活泼<br>金属 | 非金属 | 活泼<br>非金属 | 很活泼<br>非金属 | 最活泼<br>非金属 | 稀有<br>气体 |
| 最高价氧化物<br>对应的水化物<br>的性质 | LiOH 碱 | Be(OH)$_2$<br>两性氢<br>氧化物 | H$_3$BO$_3$<br>很弱酸 | H$_2$CO$_3$<br>弱酸 | HNO$_3$<br>强酸 | — | — | — |

表 3-4-2　11～18 号元素原子核外电子排布与元素主要性质

| 原子序数 | 11 | 12 | 13 | 14 | 15 | 16 | 17 | 18 |
|---|---|---|---|---|---|---|---|---|
| 元素名称 | 钠 | 镁 | 铝 | 硅 | 磷 | 硫 | 氯 | 氩 |
| 元素符号 | Na | Mg | Al | Si | P | S | Cl | Ar |
| 电子层数 | 3 | 3 | 3 | 3 | 3 | 3 | 3 | 3 |
| 最外层<br>电子数 | 1 | 2 | 3 | 4 | 5 | 6 | 7 | 8 |
| 半径 /nm | 0.186 | 0.16 | 0.143 | 0.117 | 0.11 | 0.102 | 0.099 | — |
| 主要化合价 | +1 | +2 | +3 | +4<br>−4 | +5<br>−3 | +6<br>−2 | +7<br>−1 | —<br>— |
| 元素性质 | 很活泼<br>金属 | 活泼<br>金属 | 两性<br>金属 | 非金属 | 非金属 | 活泼非<br>金属 | 很活泼<br>非金属 | 稀有<br>气体 |
| 最高价氧化物<br>对应的水化物<br>的性质 | NaOH<br>强碱 | Mg(OH)$_2$<br>中强碱 | Al(OH)$_3$<br>两性氢氧<br>化物 | H$_2$SiO$_3$<br>弱酸 | H$_3$PO$_4$<br>中强酸 | H$_2$SO$_4$<br>强酸 | HClO$_4$<br>最强酸 | — |

　　由表 3-4-1 和表 3-4-2 可以看出，3～18 号元素的各种数据及主要化学性质呈现周期性变化，下面分别叙述：

　　1. 核外电子排布呈周期性变化　3～10 号元素原子的核外都有两个电子层，而最外层电子数从 1 增加到 8 个达到稳定结构；11～18 号元素原子的核外都有三个电子层，而最外层电子数从 1 增加到 8 个达到稳定结构。如果对 18 号以后的元素继续分析下去，会发现同样的变化规律。即随着原子序数的递增，元素原子的核外电子排布呈现周期性变化。

　　2. 原子半径呈周期性变化　除稀有气体外，相同电子层数，从锂到氟或者从钠到氯，随着原子序数的递增，原子半径都由大逐渐变小。再比较 Li 和 Na、Be 和 Mg 等，可知最外层电子数相同的情况下，电子层数越多，原子半径越大。随着元素原子序数的递增，元素的原子半径呈周期性变化。元素原子半径的周期性变化如图 3-6 所示。

　　3. 元素主要化合价呈周期性变化　从 3～9 或从 11～17，元素的最高正化合价均从 +1 价依次递增到 +7 价（氧、氟例外），代表了元素的原子通过失去最外层的全部电子形成稳定结构时所显示元素的最高正化合价，即元素最高正化合价 = 元素原子最外层电子数；另外，非金属元素的最低负价从 −4 价依次递变到 −1 价，代表了元素的原子通过得到电子形成稳定结构时所显示元素的最低负价即元素最低负价 = 元素原子最外层电子数 −8；而且非金属元素的最高正化合价与最低负价的绝对值之和等于 8，即元素最高正价 +| 元素最低负价 |= 8。可见，元素的化合价随着原子序数的递增而呈现周期性的变化。

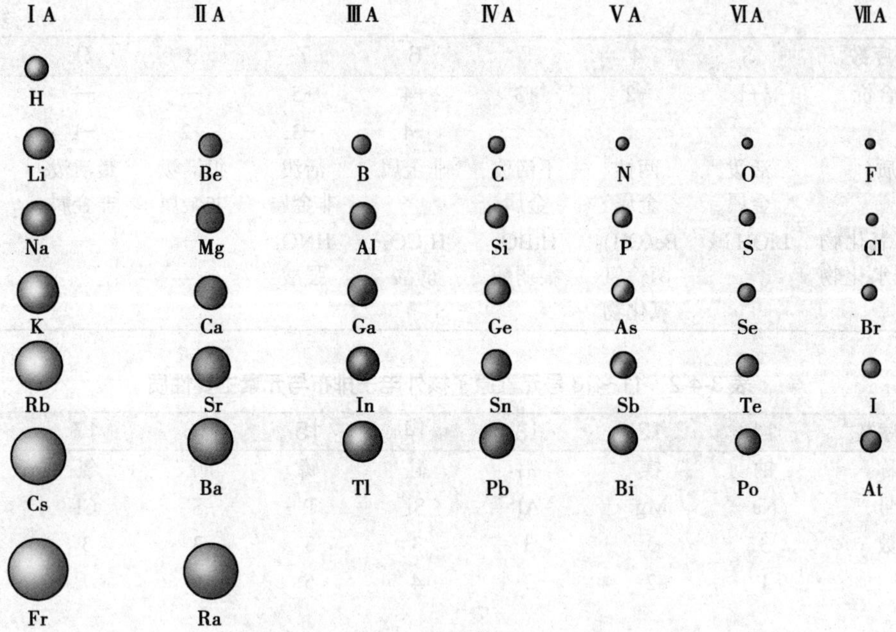

| I A | II A | III A | IV A | V A | VI A | VII A |
|---|---|---|---|---|---|---|

H

Li Be B C N O F

Na Mg Al Si P S Cl

K Ca Ga Ge As Se Br

Rb Sr In Sn Sb Te I

Cs Ba Tl Pb Bi Po At

Fr Ra

图3-6 原子半径的周期性变化示意图

4. 元素金属性和非金属性呈周期性变化 元素的金属性是指原子失去电子成为阳离子的能力,原子失去电子的能力越强,该元素的金属性越强。元素的非金属性是指原子得到电子成为阴离子的能力,原子得到电子的能力越强,该元素的非金属性就越强。从表3-4中可以看出,从锂到氟或从钠到氯,随着原子序数的递增,元素的金属性逐渐减弱,非金属性逐渐增强。即元素的金属性和非金属性都随着原子序数的递增而呈现周期性的变化。

综上所述,元素的性质随着元素原子序数的递增而呈现周期性的变化,这个规律称为元素周期律。

考点提示

判断元素周期律的趋势

## 二、元素周期表

元素周期表是根据元素周期律将已知的 112 种元素按其核外电子排布的内在规律编制而成的 1 个图表,是元素周期律的具体形式。它也是学习化学、认识物质性质和变化规律的重要工具。

### (一) 元素周期表的结构

1. 周期 把电子层数相同的元素,按原子序数递增的顺序从左到右排列的一个横行称为 1 个周期。

元素周期表有 7 个横行,每个横行为 1 个周期,依次用 1、2、3、4、5、6、7 表示。周期的序数就是该周期元素具有的电子层数。各周期里元素的数目不一定相同,第一、二、三周期含元素数目较少的称为短周期;第四、五、六周期含元素数目较多的称为长周期;第七周期因至今未填满,称不完全周期。为了不致使元素周期表的横行过长,将元素周期表中的镧系元素($_{57}$La$\sim_{71}$Lu)和锕系元素($_{89}$Ac$\sim_{103}$Lr)另列于元素周期表的下方。

2. 族 元素周期表中有 18 个纵行,除第 8、9、10 的三个纵行合并为 VIII 族外,其余 15 个纵行,每一个纵行为 1 个族。族序数用罗马数字表示。因为族又分为主族和副族,所以,在族序数后面还分别标"A"和"B",以示区别。由短周期和长周期元素共同构成的族称为主族,例如ⅠA、ⅡA……ⅦA;主族元素的族序数=元素原子最外层的电子数。完全由长周期元素构成的族称为副族,例如ⅠB、ⅡB……ⅦB;具有稳定结构的稀有气体元素化合价看作0价,因而称为0族。元素周期表中共有7个主族、7个副族、1个第Ⅷ族和1个0族,共16个族。

### 思考题

　　画出第17号元素Cl原子的结构示意图,指出它在周期表的位置;判断它是金属还是非金属;推测它的最高正价和最低负价;最高价氧化物对应的水化物是什么?

#### (二)元素周期表中元素性质的递变规律

　　1. 同周期元素性质的递变规律　在同一周期中(第1周期除外),各元素的原子核外电子层数相同,从左到右,核电荷数依次增多,原子核对核外电子的吸引力逐渐增强,导致原子半径逐渐减少,故失电子能力逐渐减弱,得电子能力逐渐增强。因此,从左到右,同周期元素的金属性逐渐减弱,非金属性逐渐增强。一般来说,可以根据元素的最高价氧化物的水化物的碱性来判断元素金属性强弱;也可以根据最高价氧化物的水化物的酸性来判断元素非金属性强弱。

$$(左)\xrightarrow[\text{金属性逐渐减弱,非金属性逐渐增强}]{\text{Na Mg Al Si P S Cl}}(右)$$

　　2. 同主族元素性质的递变规律　在同一主族中,各元素原子的最外层电子数相同,自上而下电子层数逐渐增多,原子半径逐渐增大,导致原子核对核外层电子的吸引力逐渐减弱,故失电子能力逐渐增强,得电子能力逐渐减弱,所以,元素的金属性逐渐增强,非金属性逐渐减弱。

$$(上)\xrightarrow[\text{金属性逐渐增强,非金属性逐渐减弱}]{\text{Li Na K Rb Cs Fr}}(下)$$

### 思考题

　　请编制出一个《主族元素的元素性质递变规律表》,内含原子半径、得失电子的能力、元素的金属性和非金属性三个元素性质的递变规律,方便知识的巩固和记忆。

# 第三节 化 学 键

　　100多种元素为什么能组成如此丰富多彩的物质世界呢?原子可以相互结合成分子,它们之间肯定存在着强烈的相互作用。化学上把这种直接相邻的原子或离子间存在强烈的相互作用称为化学键。根据相互作用的方式不同,化学键分为离子键、共价键、金属键等。

## 一、离子键

　　离子键是阴、阳离子之间通过静电作用所形成的化学键。通常,活泼的金属(ⅠA和ⅡA

族元素）和活泼非金属（ⅥA 和ⅦA 族元素）形成化合物时，一般是以离子键的形式结合。如氯化钠（NaCl）的生成是由于钠原子最外层只有 1 个电子，所以容易失去 1 个电子，形成最外层 8 个电子的稳定结构，即 $Na^+$ 离子；而氯原子最外层有 7 个电子，容易得到 1 个电子，形成最外层 8 个电子的稳定结构，即 $Cl^-$ 离子。带相反电荷的 $Na^+$ 和 $Cl^-$ 相互靠近时，静电作用使它们结合在一起，即可形成稳定的离子键，生成 NaCl。其过程用电子式表示如下：

$$Na_× + \ :\dot{\ddot{C}l}\cdot \longrightarrow Na^{\cdot}_{\cdot}\ [\ :\ddot{\ddot{C}l}\ :\ ]^-$$

像 $NaCl$、$MgCl_2$、$CaO$、$CaF_2$ 等以离子键结合形成的化合物称为离子化合物。离子化合物在室温下是以晶体形式存在，具有较高熔点、高沸点，难挥发等特征。在离子晶体中，阴阳离子按一定规律作空间排列。氯化钠的晶体结构如图 3-7 所示。

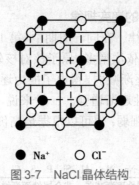

● $Na^+$ ○ $Cl^-$

图 3-7 NaCl 晶体结构

## 二、共价键

共价键是原子间通过共用电子对形成的化学键。通常，相同的或者不同的非金属原子形成化合物时，一般是以共价键的形式结合。如氢气（$H_2$）的生成是由于当 2 个 H 原子相互作用时，它们得失电子的能力相同，所以只能采用每个 H 原子各提供 1 个电子，组成 1 个电子对，使每个 H 原子的最外层都达到 2 个电子的稳定结构。这种由 2 个原子各提供 1 个电子形成的电子对，称为共用电子对。其过程用电子式表示如下：

$$H_× + \cdot H \longrightarrow H_×^{\cdot} H$$

如 $Cl_2$、$HCl$、$H_2O$、$CH_4$ 等也是通过共价键结合形成的化合物称为共价化合物。其电子式可表示为

$$:\ddot{\ddot{C}l}_×^{\cdot}\ddot{\ddot{C}l}_×^{\cdot} \quad H_×^{\cdot}\ddot{\ddot{C}l}: \quad H_×^{\cdot}\ddot{O}_×^{\cdot}H \quad H_×^{\cdot}\overset{\displaystyle H}{\underset{\displaystyle H}{\ddot{O}}}_×^{\cdot}H$$

在化学上，也常用一根短线表示一对共用电子对，这种表示分子结构的式子称为结构式。故以上的电子式可以表示为

$$Cl-Cl \quad H-Cl \quad \underset{H\quad H}{O} \quad H-\overset{\displaystyle H}{\underset{\displaystyle H}{C}}-H$$

需要注意的是，在一些离子化合物中，可以同时存在离子键和共价键。如化合物 NaOH 中，$Na^+$ 与 $OH^-$ 之间以离子键

考点提示

判断离子化合物和共价化合物

结合,而 H 和 O 之间则以共价键结合。

NaOH 的电子式为

$$Na^+[:\overset{..}{\underset{..}{O}}:H]^-$$

相关知识链接

### 配位键

在一些化合物中,还存在一种特殊的共价键。这种共价键中的共用电子对是由其中 1 个原子单方面提供的,这种共价键称为配位键。如果是 A 原子提供 1 对电子与 B 原子共用形成的配位键,可以用 A → B 表示。如 $NH_3$ 分子和 $H^+$ 形成 $NH_4^+$ 时,由于 $NH_3$ 分子中 N 原子与 3 个 H 原子形成共价键后,还有 1 对未共用的电子对(也称孤对电子),而 $H^+$ 已经没有电子了(也称裸露的原子核),这样 $NH_3$ 分子中的 N 原子就可以提供 1 对电子与 $H^+$ 共用,形成配位键。$NH_4^+$ 中配位键的形成用电子式可表示为

$$H:\overset{H}{\underset{H}{\overset{..}{C}}}:H + H^+ \longrightarrow [H:\overset{H}{\underset{H}{\overset{..}{C}}}:H]^+ \text{ 或 } [H-\overset{\overset{H}{|}}{\underset{\underset{H}{|}}{C}}-H]^+$$

## 第四节 分子间作用力和氢键

### 一、分子极性

#### (一) 共价键的类型

由同种元素原子形成的共价键,两个原子吸引电子的能力相同,共用电子对不偏向任何一个原子,这种共价键称为非极性共价键,简称为非极性键。如 H—H 键、Cl—Cl 键等都是非极性键。非金属单质的化学键就是属于这一类。

由不同种元素的原子形成的共价键,由于原子吸引电子的能力不同,共用电子对偏向吸电子能力较强的原子一方,这种共价键称为极性共价键,简称极性键。如 H—Cl 键就属于极性键,共用电子对偏向 Cl 原子一端,使 Cl 原子带部分负电荷,H 原子带部分正电荷。两个成键原子得电子能力差异越大,形成的共价键的极性越强。

#### (二) 极性分子和非极性分子

分子的极性与分子中正电荷重心和负电荷重心能否重合有关,能重合的分子称为非极性分子;不能重合的分子称为极性分子。

1. 双原子分子 同核双原子分子,由于原子吸引电子的能力相同,所形成的键是非极性共价键,无正、负电荷重心,所以,它们一定是非极性分子。如 $H_2$、$O_2$、$Cl_2$ 等。

异核双原子分子,由于原子吸引电子不同,所形成的是极性共价键,正电荷重心和负电荷重心无法重合,所以,它们一定是极性分子。如 HCl、HI、CO 等。

2. 多原子分子 对于多原子分子,除了要看共价键的极性之外,还要看分子空间构型的对称性。如果分子的空间构型是完全对称的,键的极性相互抵消,正负电荷重心重合,则分子为非极性分子。

考点提示

判断极性分子和非极性分子

反之,则为极性分子。如非极性分子 CO 和 $CH_4$;极性分子 $H_2O$ 和 $NH_3$ 等。

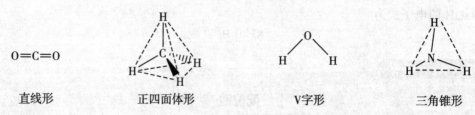

| 直线形 | 正四面体形 | V字形 | 三角锥形 |

离子化合物中可能存在共价键吗?含极性键的分子一定是极性分子吗?请举例子说明。

## 二、分子间作用力

干冰是 $CO_2$ 的固体形式,是把 $CO_2$ 气体经降低温度、增大压强途径制得。在这些过程中,气体分子间的距离缩短,最后由气态分子的不规则运动状态变为有规则排列的固态。这就不难理解:物质分子间也存在某种作用力,可以把它们的分子聚集在一起。这种分子和分子之间的作用力称为分子间的作用力,又称范德华力。分子间通过范德华力所形成的有规则排列的晶体称为分子晶体。当然,分子间作用力比存在于相邻的原子和离子间的化学键要弱得多,它对物质的熔点、沸点、溶解度等物理性质有影响。相同类型的分子,分子量越大,分子间作用力也就越大,物质的熔点、沸点也越高。如卤素单质的分子量、熔点和沸点见表 3-5。

表 3-5 卤素单质的熔点和沸点

| 卤素单质 | $F_2$ | $Cl_2$ | $Br_2$ | $I_2$ |
| --- | --- | --- | --- | --- |
| 分子量 | 38 | 71 | 160 | 254 |
| 熔点/℃ | −219.6 | −101 | −7.2 | 113.5 |
| 沸点/℃ | −188.1 | −34.6 | 58.78 | 184.4 |

## 三、氢键

人们发现 $H_2O$ 的分子量虽然比同类型的 $H_2S$ 要小,但熔点、沸点却比 $H_2S$ 要高得多,这事实说明了 $H_2O$ 分子间除了范德华力以外,还有一种比范德华力更大的分子间作用力,称之为氢键。

以 $H_2O$ 分子为例说明氢键的形成。

在 $H_2O$ 分子中,由于 O 的原子吸引电子能力强,共用电子对强烈地偏向 O 原子,使 H 原子几乎成为裸露的带正电荷的原子核,这样它就可以与另一个分子中的 O 原子产生较强的静电作用形成氢键,可用下式表示,由于氢键属于一种特殊的分子间作用力,故它比化学键弱得多,一般用"……"表示,以示区别。

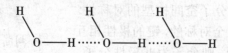

　　凡与非金属性很强、原子半径小的原子 X（F、O、N）以共价键结合的氢原子还可以再和这些元素已成键的另外一个原子 Y 产生相互作用，这种相互作用称为氢键。

　　氢键对物质的熔点、沸点、溶解度都有很大的影响。因为固体熔化成液体或者液体汽化时，都必须先破坏分子间的氢键，这就造成 $H_2O$ 的分子量虽小，但比同类型 $H_2S$ 的熔点、沸点高得多，类似还有 HF、$NH_3$ 以及有机物中含有羟基的乙醇、氨基的蛋白质和核酸都存在分子内氢键。值得一提的是，正是氢键的存在，所以核酸和蛋白质才能维持它们特殊的空间构型。

考点提示

判断存在氢键的物质

### 本章小结

　　1. 原子是由原子核和核外电子构成，而原子核由质子和中子构成。

　　　　元素的原子序数＝核电荷数＝核内质子数＝核外电子数

　　　　质量数（A）＝质子数（Z）＋中子数（N）

　　2. 质子数相同而中子数不同的同种元素的不同原子互称为同位素。

　　3. 元素周期律是指元素的性质随着元素原子序数的递增而呈现周期性的变化规律。它是元素原子核外电子排布周期性变化的必然结果。

　　4. 同一周期从左到右元素的金属性逐渐减弱，非金属性逐渐增强；同一主族自上而下，元素的金属性逐渐增强，非金属性逐渐减弱。

　　5. 直接相邻的原子或离子间存在强烈的相互作用称为化学键。它包含离子键和共价键。离子键是阴、阳离子之间通过静电作用所形成的化学键；活泼金属和活泼非金属形成化合物时，一般以离子键的形式结合。共价键是原子间通过共用电子对形成的化学键。相同的或者不同的非金属原子形成化合物时，一般是以共价键的形式结合。

　　6. 分子间作用力也称范德华力，而氢键是一种特殊的范德华力，它对物质的熔点、沸点、溶解度都有很大的影响，是酸和蛋白质维持其特殊的空间构型的基础。

### 目标测试

**一、选择题**

1. 某元素的元素符号为 X，核电荷数为 b，中子数为 a，此元素的原子构成为

　　A. $_b^a X$　　　　　　　　　　　　B. $_b^{a+b} X$

　　C. $_a^{a+b} X$　　　　　　　　　　D. $_{a+b}^a X$

2. $_Z^A X^{n+}$ 微粒，核外电子数是

　　A. $Z+n$　　　　　　　　　　　　B. $A-Z$

　　C. $Z-n$　　　　　　　　　　　　D. $Z$

3. 下列互为同位素的一组是

　　A. $_{19}^{40}K$ 和 $_{20}^{40}Ca$　　　　　　　　B. $_{11}^{23}Na$ 和 $_{11}^{23}Na^+$

　　C. $_8^{16}O$ 和 $_8^{18}O$　　　　　　　　D. $H_2$、$D_2$、$T_2$

4. 短周期金属元素甲～戊在元素周期表中的相对位置如下图所示，下面判断正确的是

A. 电子层数：乙＞丁

B. 氢氧化物碱性：丙＞丁＞戊

C. 金属性：甲＞丙

D. 原子半径：丙＜丁＜戊

| 甲 | 乙 | |
|---|---|---|
| 丙 | 丁 | 戊 |

5. 元素化学性质发生周期性变化的根本原因是

　　A. 元素原子的核外电子排布呈周期性变化

　　B. 元素的核电荷数逐渐增多

　　C. 元素原子半径呈现周期性变化

　　D. 元素的金属性和非金属性呈周期性变化

6. R 元素的原子有 3 个电子层，M 层电子数是 K 层电子数的 3 倍，判断不正确的是

　　A. R 元素处于第 3 周期ⅥA 族　　　　B. R 元素是较活泼的非金属元素

　　C. 原子核外共有 14 个电子　　　　D. 元素最低化合价为 −2 价

7. 下列物质中既含有离子键又含有共价键和配位键的是

　　A. $MgCl_2$　　　　　　　　　　　　B. $H_2S$

　　C. $NH_4Cl$　　　　　　　　　　　　D. $NaOH$

8. 下列物质分子间不能形成氢键的是

　　A. $HBr$　　　　　　　　　　　　　B. $HF$

　　C. $H_2O$　　　　　　　　　　　　　D. $NH_3$

9. 某一价阴离子，核外有 18 个电子，质量数为 35，中子数为

　　A. 15　　　　　　　　　　　　　　B. 16

　　C. 17　　　　　　　　　　　　　　D. 18

10. 下列物质中，属于共价化合物的是

　　A. $MgCl_2$　　　　　　　　　　　　B. $KCl$

　　C. $NaOH$　　　　　　　　　　　　D. $H_2O$

## 二、填空题

1. 在 $_6^{13}C$、$_6^{14}C$、$_7^{14}N$、$_8^{17}O$ 几种核素中：互称为同位素的是（　　　　　），质量数相等，但不能互称同位素的是（　　　　　），中子数相等，但不是同一种元素的是（　　　　　）。

2. 第三周期第ⅦA 族的元素原子序数是（　　　　　），最外层电子数是（　　　　　），元素属于（　　　　）（金属或非金属）性元素。最高化合价是（　　　　　），最低化合价是（　　　　）。

3. 在 Na、Mg、P、S、Cl 几种元素中，金属性最强的是（　　　　　），非金属性最强的是（　　　　），最高正化合价是 +6 的是（　　　　　），原子半径最小的是（　　　　　）。

4. 同一主族元素中，从上而下，元素的金属性逐渐（　　　　　）；同一周期元素，从左到右，元素的原子半径逐渐（　　　　　）。

5. 元素周期表中有（　　　　　）个周期；其中（　　　　　）个短周期，（　　　　　）个长周期，（　　　　）个不完全周期；有（　　　　）个族，其中有（　　　　）个主族；（　　　　　）个副族；（　　　　）个 0 族，（　　　　）个第Ⅷ族。

## 三、推断题

甲、乙两种元素，甲元素的 +1 价离子的电子层结构与氩元素的电子层结构相似，乙元素的原子核内有 16 个质子。

（1）甲、乙为何元素？画出它们的原子结构简图。

（2）指出它们在周期表中的位置。

（3）写出甲与乙发生化合反应的方程式。得到的化合物中有哪些化学键？

（黄肇锋）

# 第四章　氧化还原反应

学习目标

1. 掌握　氧化还原反应的特征、实质及氧化剂和还原剂的概念。
2. 熟悉　氧化还原反应方程式的配平原则和步骤。
3. 了解　医药中常用的氧化剂和还原剂。

　　氧化还原反应与工农业生产、科学研究、医药卫生和日常生活都有密切关系,是临床检验、药物生产、卫生监测等方面经常遇到的一类化学反应。如卫生检验中化学需氧量的测定;药物分析中维生素 C 的含量测定;日常生活中饮用水的消毒杀菌和余氯监测等。人体内的代谢过程也离不开氧化还原反应。本章介绍氧化还原反应的基本概念、常见的氧化剂和还原剂以及氧化还原反应方程式的配平。

## 第一节　氧化还原反应的概念

### 一、氧化还原反应的特征和实质

#### (一)氧化还原反应的特征

　　对氧化还原反应的认识,科学上经历了一个由浅入深、由表及里、由现象到本质的过程。最初认为物质得到氧的反应是氧化反应,物质失去氧的反应是还原反应。例如氢气还原氧化铜的反应:

$$\underset{\text{失去氧,被还原}}{\overset{\text{得到氧,被氧化}}{CuO + H_2 \xrightarrow{\triangle} Cu + H_2O}}$$

　　氢分子得到氧生成水,即氢气被氧化,而氧化铜失去氧,生成单质铜,所以氧化铜被还原。这两个截然相反的过程是在一个反应中同时发生的。像这样一种物质被氧化,另一种物质被还原的反应,称为氧化还原反应。

　　现在,从元素化合价升降的角度分析这个反应:

$$\underset{\text{化合价降低,被还原}}{\overset{\text{化合价升高,被氧化}}{\overset{+2}{Cu}O + \overset{0}{H_2} \xrightarrow{\triangle} \overset{0}{Cu} + \overset{+1}{H_2}O}}$$

氢从氢气中的 0 价变为水中的 +1 价，氢的化合价升高，我们说氢气被氧化。同时铜由氧化铜中的 +2 价变为单质铜的 0 价，铜的化合价降低，我们说氧化铜被还原。

由此可知：物质所含元素化合价升高的反应是氧化反应，物质所含元素化合价降低的反应是还原反应。凡是有元素化合价升降的化学反应，称为氧化还原反应。

用化合价升降的观点不仅能分析像氧化铜与氢气这类有失氧和得氧关系的反应，还能分析一些没有失氧和得氧关系而发生元素化合价升降的反应。例如钠与氯气的反应。

$$\overset{\overbrace{\qquad\text{化合价升高，被氧化}\qquad}}{\underset{\underbrace{\qquad\text{化合价降低，被还原}\qquad}}{2\overset{0}{Na} + \overset{0}{Cl_2} \xrightarrow{\text{燃烧}} 2\overset{+1\,-1}{NaCl}}}$$

钠从 0 价升高到 +1 价，钠被氧化。氯从 0 价降低到 -1 价，氯被还原。这个反应尽管没有失氧和得氧关系，但发生元素化合价的升降，因此也是氧化还原反应。

氧化还原反应的特征：反应前后元素化合价有升降变化。若反应前后元素化合价无变化则为非氧化还原反应。

### （二）氧化还原反应的实质

为了进一步认识氧化还原反应的本质，再从原子结构来分析金属钠和氯气的反应。

钠原子最外层有 1 个电子，氯原子最外层有 7 个电子，当钠与氯反应时，钠原子失去 1 个电子成为钠离子，化合价从 0 价升高到 +1 价。氯原子得到 1 个电子成为氯离子，化合价从 0 价降低到 −1 价。

钠原子化合价升高是由于失去电子，升高的价数就是失去的电子数。氯原子化合价降低是由于得到电子，降低的价数就是得到的电子数。由此可见元素化合价的升降是因为它们的原子失去或得到电子的缘故，即原子间发生了电子转移。

如果用字母"e"表示 1 个电子，用箭头表示反应前后同一元素的原子得到或失去电子的情况，则金属钠和氯气的反应可用下式表示：

$$\overset{\overbrace{\qquad\text{失去2e}\qquad}}{\underset{\underbrace{\qquad\text{得到2e}\qquad}}{2\overset{0}{Na} + \overset{0}{Cl_2} \xrightarrow{\text{燃烧}} 2\overset{+1\,-1}{NaCl}}}$$

在化学反应方程式里，除了可以用箭头表示反应前后同一元素的原子得到或失去电子的情况外，还可以用箭头表示不同种元素的原子间电子转移的方向和数目。

$$\overset{\overbrace{\qquad 1e\times2 \qquad}}{2\overset{0}{Na} + \overset{0}{Cl_2} \xrightarrow{\text{燃烧}} 2\overset{+1\,-1}{NaCl}}$$

但是也有一些反应，元素化合价的改变，不是由于电子得失引起的，而是由于共用电子对偏移产生的。例如氯气和氢气反应。

$$\overset{\overbrace{\qquad 1e\times2 \qquad}}{\overset{0}{H_2} + \overset{0}{Cl_2} =\!=\!= 2\overset{+1\,-1}{HCl}}$$

生成的氯化氢是共价化合物。分子中共用电子对偏向氯原子，则氯的化合价从 0 价降低到 -1 价。共用电子对偏离氢原子，则氢的化合价从 0 价升高到 +1 价。反应中虽没有电子的得失，但由于共用电子对发生偏移，引起元素化合价的升降，这类反应也属于氧化还原反应。

由此可知，氧化还原反应的实质是：反应中发生电子的得失或共用电子对的偏移，即反应中发生电子的转移。凡发生电子转移的反应就称为氧化还原反应。物质失去电子的反应是氧化反应；物质得到电子的反应是还原反应。

## 二、氧化剂和还原剂

### （一）氧化剂

在氧化还原反应中，凡是得到电子（化合价降低）的物质称为氧化剂。氧化剂具有氧化性，能使其他物质氧化，而本身被还原。

例如：$H_2O_2$ 的含量测定是在酸性溶液中，$KMnO_4$ 与 $H_2O_2$ 发生氧化还原反应。

$$5H_2O_2 + 2KMnO_4 + 3H_2SO_4 == 2MnSO_4 + K_2SO_4 + 5O_2\uparrow + 8H_2O$$

上述反应中，$KMnO_4$ 中 Mn 的化合价从 +7 降低到 +2，得到电子，被还原成 $Mn^{2+}$，所以 $KMnO_4$ 是氧化剂。

可见氧化剂通常是具有较高化合价的某元素的化合物，该元素化合价有降低的趋势，易被还原。若某一元素的化合价在化合物中处于最高价，则该元素的化合价只能降低，即该化合物只能作氧化剂。

### （二）还原剂

在氧化还原反应中，凡是失去电子（化合价升高）的物质称为还原剂。还原剂具有还原性，能使其他物质还原，而本身被氧化。

上式 $H_2O_2$ 中氧的化合价由 -1 价升高到 0 价，失去电子，被氧化成 $O_2$，故 $H_2O_2$ 是还原剂。

可见还原剂是具有较低化合价的某元素的化合物，其化合价有升高的趋势，易被氧化。若某一元素的化合价在化合物中处于最低价，则该元素的化合价只能升高，即该化合物只能作还原剂。

在判断氧化剂和还原剂时，应注意以下几点：

1. 同一种物质在不同反应中，有时作氧化剂，有时也可作还原剂。例如 $H_2O_2$ 在上述例子中，遇强氧化剂 $KMnO_4$ 时，它是还原剂。若遇强还原剂时，它就是氧化剂。例如：

$$2HI + H_2O_2 == 2H_2O + I_2$$

2. 有些物质在同一反应中，既是氧化剂又是还原剂。例如：

$$Cl-Cl + H_2O == HClO + HCl$$

上述反应中，一个氯原子的化合价升高，另一个氯原子的化合价降低，氯气既是氧化剂又是还原剂。

3. 氧化剂、还原剂的氧化还原产物与反应条件有密切的关系，反应条件不同，氧化还原的产物也不同。例如强氧化剂高锰酸钾在酸性、中性、碱性溶液中，其还原产物分别是 $Mn^{2+}$、$MnO_2$、$MnO_4^{2-}$，反应式如下：

酸性溶液中：

$$2KMnO_4+5K_2SO_3+3H_2SO_4 \Longrightarrow 2MnSO_4+6K_2SO_4+3H_2O$$

中性或弱碱性溶液中：

$$2KMnO_4+3K_2SO_3+H_2O \Longrightarrow 2MnO_2\downarrow+3K_2SO_4+2KOH$$

强碱性溶液中：

$$2KMnO_4+K_2SO_3+2KOH \Longrightarrow 2K_2MnO_4+K_2SO_4+H_2O$$

由于物质得失电子的能力不一样，所以氧化剂和还原剂也有强弱之分。获得电子能力强的氧化剂，称强氧化剂。失去电子容易的还原剂，称强还原剂。

### （三）医药中常用的氧化剂和还原剂

1. 过氧化氢（$H_2O_2$）　纯净的过氧化氢是无色黏稠液体，可与水以任意比例混合，其水溶液俗称双氧水。过氧化氢不稳定，受热、遇光、接触灰尘等均易分解生成水和氧气。

$$2H_2O_2 \Longrightarrow 2H_2O+O_2\uparrow$$

过氧化氢有消毒杀菌作用，医药上常用 3g/L 的过氧化氢水溶液作为外用消毒剂，清洗伤口。市售过氧化氢溶液的浓度通常为 30g/L，有较强氧化性，对皮肤有很强的刺激作用，使用时要进行稀释。

2. 高锰酸钾（$KMnO_4$）　高锰酸钾俗称灰锰氧，医药上简称 P.P 粉，为深紫色、有光泽的晶体，易溶于水，其水溶液显高锰酸根离子（$MnO_4^-$）特有的紫色。高锰酸钾是强氧化剂，医药上常用其稀溶液作为外用消毒剂。

3. 硫代硫酸钠（$Na_2S_2O_3$）　常用的硫代硫酸钠含有 5 个分子结晶水（$Na_2S_2O_3\cdot 5H_2O$），又称为大苏打。它是无色晶体，易溶于水，具有还原性。硫代硫酸钠在照相术中常用作定影剂。医药上用于治疗慢性荨麻疹或作解毒剂。

 **相关知识链接**

### 化学需氧量（COD）

所谓化学需氧量（COD），是在一定的条件下，采用一定的强氧化剂处理水样时，所消耗的氧化剂量。它是表示水中还原性物质多少的一个指标。水中的还原性物质有各种有机物、亚硝酸盐、硫化物、亚铁盐等。但主要的是有机物。因此，化学需氧量（COD）又往往作为衡量水中有机物质含量多少的指标。化学需氧量越大，说明水体受有机物的污染越严重。化学需氧量（COD）的测定，目前应用最普遍的是酸性高锰酸钾氧化法和重铬酸钾氧化法。

在饮用水的标准中，Ⅰ类和Ⅱ类水化学需氧量（COD）≤15、Ⅲ类水化学需氧量（COD）≤20、Ⅳ类水化学需氧量（COD）≤30、Ⅴ类水化学需氧量（COD）≤40。COD 的数值越大表明水体的污染情况越严重。

# 第二节　氧化还原反应方程式的配平

## 一、配平原则

对于一些简单的氧化还原反应，可以用观察法配平，但许多氧化还原反应比较复杂，反应方程式涉及的物质较多，难以配平，故需用一定的方法和步骤配平。配平氧化还原反应方程式的方法有多种，但其配平原则都必须满足下列两个条件：一是还原剂失去电子的总数（或化合价升高的总数）与氧化剂得到电子的总数（或化合价降低的总数）相等；二是反应前后同一元素的原子数相等。

## 二、配平步骤

根据上述配平原则，本章仅介绍用电子得失法配平氧化还原反应方程式，其配平步骤如下：

[例1]高锰酸钾与硫酸亚铁在酸性溶液中的反应

解：

1．正确书写反应物和生成物的化学式，中间用"→"表示

$$KMnO_4 + FeSO_4 + H_2SO_4 \longrightarrow MnSO_4 + K_2SO_4 + Fe_2(SO_4)_3 + H_2O$$

2．标出反应中化合价发生改变的元素的化合价

$$\overset{+7}{K}MnO_4 + \overset{+2}{Fe}SO_4 + H_2SO_4 \longrightarrow \overset{+2}{Mn}SO_4 + K_2SO_4 + \overset{+3}{Fe_2}(SO_4)_3 + H_2O$$

3．计算每分子氧化剂和还原剂电子得失总数，得到电子用"+"表示，失去电子用"-"表示，用箭头分别标在反应式的上方和下方。

$$\overset{+7}{K}MnO_4 + 2\overset{+2}{Fe}SO_4 + H_2SO_4 \longrightarrow \overset{+2}{Mn}SO_4 + K_2SO_4 + \overset{+3}{Fe_2}(SO_4)_3 + H_2O$$

（+5e，−1e×2）

4．根据氧化还原反应中得电子总数和失电子总数相等原则，求出得失电子的最小公倍数，把确定的系数写在氧化剂和还原剂化学式前面。

$$2\overset{+7}{K}MnO_4 + 10\overset{+2}{Fe}SO_4 + H_2SO_4 \longrightarrow 2\overset{+2}{Mn}SO_4 + K_2SO_4 + 5\overset{+3}{Fe_2}(SO_4)_3 + H_2O$$

（+5e×2，−1e×2×5）

5．再用观察法确定反应式其他物质的系数。并将"→"改为"="，最后核对反应前后每种元素的原子数是否相等。

$$2KMnO_4 + 10FeSO_4 + 8H_2SO_4 = 2MnSO_4 + K_2SO_4 + 5Fe_2(SO_4)_3 + 8H_2O$$

[例2]重铬酸钾和碘化钾在酸性条件下反应

解：

1．正确书写反应式

$$K_2Cr_2O_7 + KI + H_2SO_4 \longrightarrow Cr_2(SO_4)_3 + K_2SO_4 + I_2 + H_2O$$

2. 标出化合价发生改变的元素化合价

$$\overset{+6}{K_2Cr_2O_7} + \overset{-1}{KI} + H_2SO_4 \longrightarrow \overset{+3}{Cr_2(SO_4)_3} + K_2SO_4 + \overset{0}{I_2} + H_2O$$

3. 计算出每分子氧化剂和还原剂得失电子的总数

$$\overset{+6}{K_2Cr_2O_7} + 2\overset{-1}{KI} + H_2SO_4 \longrightarrow \overset{+3}{Cr_2(SO_4)_3} + K_2SO_4 + \overset{0}{I_2} + H_2O$$

（+3e，−1e×2）

4. 求出氧化剂和还原剂得失电子的最小公倍数

$$\overset{+6}{K_2Cr_2O_7} + 6\overset{-1}{KI} + H_2SO_4 \longrightarrow \overset{+3}{Cr_2(SO_4)_3} + K_2SO_4 + 3\overset{0}{I_2} + H_2O$$

（+3e×2，−1e×2×3）

5. 配平整个反应方程式并检查反应前后各原子数是否相等

$$K_2Cr_2O_7 + 6KI + 7H_2SO_4 = Cr_2(SO_4)_3 + 4K_2SO_4 + 3I_2 + 7H_2O$$

 **本章小结**

1. 凡是发生电子转移的反应就是氧化还原反应。氧化还原反应的特征是反应前后元素的化合价发生变化。

2. 得到电子（化合价降低）的物质是氧化剂，氧化剂在反应中被还原。某一元素在分子中的化合价处于最高价时，只能作氧化剂。

3. 失去电子（化合价升高）的物质是还原剂，还原剂在反应中被氧化。某一元素在分子中的化合价处于最低价时，只能作还原剂。

4. 在氧化还原反应中，不仅反应前后元素的种类和原子个数不变，且还原剂失去电子的总数与氧化剂得到电子的总数一定相等。

 **目标测试**

**一、选择题**

1. 下列基本化学反应类型中，一定属于氧化还原反应的是

A. 化合反应　　　B. 分解反应　　　C. 置换反应

D. 复分解反应　　E. 化合反应和置换反应

2. 下列叙述中正确的是

A. 反应中化合价降低的物质是还原剂

B. 有氧元素参加的反应一定是氧化还原反应

C. 反应前后元素化合价没有变化的反应，一定不是氧化还原反应

D. 氧化剂在反应中被氧化，还原剂在反应中被还原

E. 物质失去电子被氧化，是氧化剂

3. 下列变化中，必须加入还原剂才能实现的是

    A. $NaCl \rightarrow AgCl$        B. $H_2O \rightarrow O_2$        C. $KClO_3 \rightarrow KCl$

    D. $MnO_2 \rightarrow MnCl_2$        E. $SO_2 \rightarrow H_2SO_3$

4. 某元素在化学反应中由化合态变为游离态，则该元素

    A. 一定被氧化              B. 一定被还原

    C. 可能被氧化，也可能被还原      D. 既不能被氧化，也不能被还原

    E. 以上都有可能

5. 高锰酸钾与过量 $Na_2SO_3$ 在酸性介质中反应，其还原产物为

    A. $Mn^{2+}$                 B. $MnO_2$              C. $MnO_4^{2-}$

    D. $Mn$                   E. $MnO_4^-$

## 二、填空题

1. 从得失氧的角度分析，氧化反应就是指物质_____的反应；还原反应是指物质_____的反应。从元素化合价升降的角度分析，氧化反应是指元素化合价_____，物质被_____的反应；还原反应是指元素化合价_____，物质被_____的反应。

2. 在氧化还原反应中，存在着元素化合价的_____，而且元素化合价的_____与元素化合价的_____相等。

3. 在氧化还原反应中，把物质失去电子的反应称为_____，失去电子的物质称为_____；物质得到电子的反应称为_____，得到电子的物质称为_____。

## 三、简答题

1. 下列反应中，哪些是氧化还原反应？在氧化还原反应中，哪些元素被氧化？哪些元素被还原？哪些物质是氧化剂？哪些物质是还原剂？

    （1）$CaCO_3 + 2HCl = CaCl_2 + CO_2 \uparrow + H_2O$

    （2）$2KI + Br_2 = 2KBr + I_2$

    （3）$2Na + 2H_2O = 2NaOH + H_2 \uparrow$

    （4）$2KClO_3 \xrightarrow{\Delta} KClO_2 + KClO_4$

    （5）$2HgCl_2 + SnCl_2 = Hg_2Cl_2 \downarrow + SnCl_4$

    （6）$Cu + 4HNO_3（浓）= Cu(NO_3)_2 + 2NO_2 \uparrow + 2H_2O$

2. 判断下列物质哪些只能做氧化剂？哪些只能做还原剂？哪些既可做氧化剂又能做还原剂？

$$Cl^-、H_2S、Cl_2、Al、H_2O_2、KMnO_4、H_2SO_4（浓）、H_2SO_3$$

3. 配平下列氧化还原反应方程式

    （1）$Cu + H_2SO_4（浓）\longrightarrow CuSO_4 + SO_2 \uparrow + H_2O$

    （2）$KMnO_4 + HCl \longrightarrow KCl + MnCl_2 + Cl_2 \uparrow + H_2O$

    （3）$Na_2S_2O_3 + I_2 \longrightarrow NaI + Na_2S_4O_6$

    （4）$FeSO_4 + H_2SO_4 + O_2 \longrightarrow Fe_2(SO_4)_3 + H_2O$

    （5）$KClO_3 \xrightarrow{\Delta} KClO_4 + KCl$

    （6）$Cu + HNO_3（稀）\longrightarrow Cu(NO_3)_2 + NO \uparrow + H_2O$

（谢玉胜）

# 第五章 元素及其化合物

 学习目标

1. 掌握 钠、卤素单质、氧与硫及其化合物的主要化学性质。钠离子、氯离子、溴离子、碘离子、过氧化氢溶液与硫酸根离子的化学方法鉴别。
2. 熟悉 碱金属元素、卤族元素及氧族元素。
3. 了解 医药中常见的钠的化合物、金属卤化物及氧族元素的化合物。

目前为止,已发现了 112 种元素,由这 112 种元素组成了种类与数目繁多的物质,本章我们学习与医药学有紧密联系的几种元素的主要性质及其应用。

## 第一节 碱 金 属

碱金属元素位于周期表中第 IA 族,包括锂(Li)、钠(Na)、钾(K)、铷(Rb)、铯(Cs)、钫(Fr)六种元素。由于这些元素氢氧化物的水溶液显强碱性,故称为碱金属元素。钠、钾在生物学上具有重要意义,是动植物生命过程中必不可少的,锂、铷、铯为稀有金属,钫是放射性元素。

### 一、碱金属通性

碱金属元素最外层只有 1 个电子,次外层上都有 8 个电子(锂除外),因此很容易失去 1 个电子而呈 +1 价。它位于周期表最左端,所以是各周期中金属性最强的元素。随着原子序数的增多,原子半径逐渐增大,金属性逐渐增强。碱金属元素的一些重要性质见表 5-1 (钫除外)

表5-1　碱金属元素的重要性质

| 元素名称 | 锂 | 钠 | 钾 | 铷 | 铯 |
|---|---|---|---|---|---|
| 元素符号 | Li | Na | K | Rb | Cs |
| 原子序数 | 2 | 11 | 19 | 37 | 55 |
| 电子层数 | 2 | 3 | 4 | 5 | 6 |
| 最外层电子数 | 1 | 1 | 1 | 1 | 1 |
| 主要化合价 | +1 | +1 | +1 | +1 | +1 |
| 原子半径 /$10^{-10}$m | 1.52 | 1.537 | 2.272 | 2.475 | 2.654 |

47

续表

| 元素名称 | 锂 | 钠 | 钾 | 铷 | 铯 |
|---|---|---|---|---|---|
| 离子半径 /10⁻¹⁰m | 0.6 | 0.95 | 1.33 | 1.48 | 1.69 |
| 25℃密度（g/cm³） | 0.53 | 0.97 | 0.86 | 1.53 | 1.87 |
| 熔点℃ | 181 | 98 | 64 | 39 | 28 |
| 沸点℃ | 1347 | 883 | 774 | 688 | 678 |
| 单质颜色与状态 | 银白色固体 | 银白色固体 | 银白色固体 | 银白色固体 | 银白色固体 |
| 氧化物 | $Li_2O$ | $Na_2O$ | $K_2O$ | $Rb_2O$ | $Cs_2O$ |
| 氢氧化物 | LiOH | NaOH | KOH | RbOH | CsOH |
| 氢氧化物的碱性 | 中强碱 | 强碱 | 强碱 | 强碱 | 强碱 |

从表 5-1 可知，碱金属具有密度小、熔点低，导电性强的特点，且随着原子序数的增加，碱金属的熔点、沸点逐渐降低。

碱金属的化学性质很活泼，在空气中易被氧化。例如：钠在常温下，与氧气反应生成氧化钠，在空气中燃烧生成过氧化钠：

$$2Na + O_2 \xrightarrow{点燃} Na_2O_2（淡黄色）$$

碱金属与卤素、硫反应生成卤化物和硫化物，例如：

$$2Na + Cl_2 \xrightarrow{点燃} 2NaCl$$

碱金属都能与水发生剧烈反应，生成氢氧化物和氢气。例如：

$$2Na + 2H_2O \xrightarrow{\hspace{1cm}} 2NaOH + H_2\uparrow$$

$$2K + 2H_2O \xrightarrow{\hspace{1cm}} 2KOH + H_2\uparrow$$

故实验室中钠和钾常保存在中性干燥的煤油中，锂保存在液体石蜡中。

碱金属可以溶解于汞形成汞齐合金，如钠汞齐常用作还原剂，碱金属表面受到光的照射会有电子从表面逸出，此种现象称为光电效应。因此，常用铯制造光电管。液态钾和钠合金在反应堆中作导热剂。

 思考题

比较 Li、Na、K 金属性。

## 二、钠和钠的化合物

### （一）钠的物理性质

钠在周期表中，位于第 IA 族，第三周期，性质很活泼，在自然界中不存在游离态钠，均以化合物的形式存在。如海水中氯化钠。

钠是一种轻金属，密度为 0.97g/cm³，比水小，比煤油大。具有良好的导电性和导热性，钠的硬度较小，质软，可用小刀切割，切开可看到银白色的金属光泽。

### （二）钠的化学性质

钠原子最外层只有 1 个电子，在化学反应中很容易失去，所以化学性质非常活泼，具有很强的还原性，在反应中做还原剂。

1. 钠与非金属的反应　用小刀切开金属钠的表面，会发现表面很快变暗，说明钠与氧发生了反应，钠的表面生成了氧化物。

$$4Na + O_2 \xrightarrow{\quad\quad} 2Na_2O（灰白色）$$

钠在空气中充分燃烧，反应剧烈，产生黄色火焰，生成淡黄色的过氧化钠固体。

$$2Na + O_2 \xrightarrow{点燃} Na_2O_2（淡黄色）$$

钠除了易与氧气反应外，还能与卤素、磷、氮气、氢气等非金属化合。

2. 钠与水的反应　钠与水发生剧烈反应（放热反应）。钠很快溶成银白色小球浮于水面，产生的氢气推动小球在水面上往返游动。钠与水反应生成了氢氧化钠，使溶液显碱性，所以加入酚酞，溶液变红。

**案例**

在100ml的烧杯中，加水约20～30ml，用镊子取一小金属钠，用滤纸将钠表面煤油吸干，将钠放入水中，观察现象。待反应完毕，再滴入1滴酚酞，观察现象。

$$2Na + 2H_2O \xrightarrow{\quad\quad} 2NaOH + H_2\uparrow$$

由于金属钠易被空气中氧气氧化，又易与水发生反应，所以应储存在煤油里，使之与空气和水隔绝。取用时必须用镊子夹取，以避免手指表面水分与钠反应，生成的氢氧化钠会腐蚀皮肤。

3. 钠离子的检验　某些活泼金属或它们的化合物（如碱金属和ⅡA族的部分金属）在无色火焰中灼烧时使火焰呈现特征的颜色的反应称为焰色反应，也称作焰色测试及焰色试验。钠离子可用焰色反应来检验，钠离子的火焰为黄色。常见活泼金属及金属离子的特征焰色，如表5-2和图5-1。

表5-2　常见活泼金属及金属离子的特征焰色

| 元素名称 | 锂 | 钠 | 钾 | 铷 | 钙 | 钡 | 铁 | 钴 | 铜 |
|---|---|---|---|---|---|---|---|---|---|
| 焰色 | 紫红 | 黄 | 浅紫 （透过蓝色钴玻璃） | 紫 | 砖红色 | 黄绿 | 无色 | 淡蓝 | 绿 |

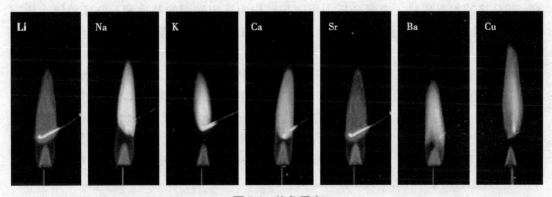

图5-1　焰色反应

### （三）常见钠的化合物

1. 过氧化钠　过氧化钠（$Na_2O_2$）为淡黄粉末，易吸潮、对热稳定。过氧化钠在室温下能与水或稀酸反应，生成过氧化氢（$H_2O_2$）。生成的过氧化氢易分解放出氧气。

$$Na_2O_2 + 2H_2O === 2NaOH + H_2O_2$$

$$2H_2O_2 \xrightarrow{\text{见光}} 2H_2O + O_2 \uparrow$$

过氧化氢的水溶液俗称双氧水，医学上常用 30g/L 的过氧化氢溶液洗涤伤口，做消毒、杀菌剂，工业上用过氧化氢溶液做漂白剂，漂白毛皮、丝、象牙、羽毛等含动物蛋白的物质。实验室过氧化氢溶液被广泛用做氧化剂。

过氧化钠与二氧化碳反应，生成碳酸钠，同时放出氧气。

$$2Na_2O_2 + 2CO_2 === 2Na_2CO_3 + O_2 \uparrow$$

利用此性质，$Na_2O_2$ 可做供氧剂，用于防毒面具、潜水艇、高空飞行等的供氧。

由于过氧化钠易与水和二氧化碳反应，所以必须密封保存。

2. 氢氧化钠　氢氧化钠（NaOH）是白色固体，具有很强的吸水性，在空气中易潮解，氢氧化钠易溶于水，溶解时放出大量的热。氢氧化钠是一种强碱，具有碱的通性。它能与酸、酸性氧化物，酸式盐反应，生成相应的盐和水。

$$NaOH + HCl = NaCl + H_2O$$

$$2NaOH + CO_2 = Na_2CO_3 + H_2O$$

$$2NaOH + SiO_2 = Na_2SiO_3 + H_2O$$

由于氢氧化钠易吸潮，又具有强烈的腐蚀性，所以应密封保存在塑料瓶中。短期可保存在玻璃瓶中，但不能使用磨口玻璃塞，应用橡皮塞。称量时，不能用称量纸，应放在玻璃容器中称量。

氢氧化钠是重要的化工产品和化工原料，它用于石油的精炼，用于造纸和造肥皂，还广泛用于纺织行业，如制造人造丝等；还用于药物合成；同时它也是实验室常用试剂。

3. 碳酸钠与碳酸氢钠

（1）碳酸钠（$Na_2CO_3$），俗名苏打、石碱、纯碱、洗涤碱，为白色粉末。含十个结晶水的碳酸钠为无色晶体，结晶水不稳定，易风化，变成白色粉末 $Na_2CO_3$。碳酸钠为强电解质，具有盐的通性和热稳定性，易溶于水，其水溶液呈碱性。

碳酸钠是基本化工原料之一，用途广泛，是玻璃、肥皂、洗涤剂、纺织、制革、香料、染料、药品等的重要原料。定量分析中用碳酸钠作为标定酸液的基准液。临床检验上用碳酸钠配制班氏试剂用于检验尿液和全血葡萄糖。医药上碳酸钠是一种解酸药、渗透性轻泻剂。

（2）碳酸氢钠（$NaHCO_3$），俗名小苏打，是一白色细小晶体，在水中的溶解度小于碳酸钠。固体碳酸氢钠 50℃以上开始逐渐分解生成碳酸钠、二氧化碳和水，270℃时完全分解。碳酸氢钠是强碱与弱酸中和后生成的酸式盐，溶于水时呈现弱碱性。此特性可使其作为食品制作过程中的膨松剂。碳酸氢钠在作用后会残留碳酸钠，使用过多会使成品有碱味。医药上碳酸氢钠用于治疗胃酸过多、消化不良及碱化尿液等；静脉给药用于酸中毒；外用滴耳软化耵聍；2% 溶液坐浴用于真菌性阴道炎等。

# 第二节　卤族元素

元素同期表中第ⅦA 族元素称卤族元素，它包括氟（F）、氯（Cl）、溴（Br）、碘（I）、砹（At）五种元素，最外层都有 7 个电子，这五种元素结构相似，化学性质也十分相似。这些元素都能与金属化合生成典型的盐类，如氯化钠，氯化钾等，因此称为卤族元素，简称卤素（卤素的希腊文意为"成盐元素"）。

卤族元素都是典型的非金属元素，单质具有很强的化学活泼性，所以在自然界卤素一般以化合物的形式存在。

卤素及其化合物的应用非常广泛，日常生活中随处可见。例如我国目前饮用水消毒主要是用氯（通氯气或加漂白粉）；食盐的主要成分是氯化钠；含氟牙膏含有氟化钠或氟化锶；医院使用的生理盐水是质量浓度为 9g/L 的氯化钠溶液。

## 一、卤素通性

卤族元素最外层电子数均为 7，因此它们具有相似的化学性质，且都是典型的非金属元素。卤素的原子结构及主要性质见表 5-3（砹除外）。

表 5-3　卤素的原子结构及主要性质

| 元素名称 | 氟 | 氯 | 溴 | 碘 |
|---|---|---|---|---|
| 元素符号 | F | Cl | Br | I |
| 原子序数 | 9 | 17 | 35 | 53 |
| 电子层数 | 2 | 3 | 4 | 5 |
| 最外层电子数 | 7 | 7 | 7 | 7 |
| 主要化合价 | $-1$ | $-1$　$+1$　$+3$ $+5$　$+7$ | $-1$　$+1$　$+3$ $+$　$5$　$+7$ | $-1$　$+1$　$+3$ $+5$　$+7$ |
| 原子半径 $/10^{-10}$ m | 0.64 | 0.99 | 1.14 | 1.33 |
| 单质分子式 | $F_2$ | $Cl_2$ | $Br_2$ | $I_2$ |
| 单质颜色与状态 | 淡黄绿色气体 | 黄绿色气体 | 红棕色液体 | 紫黑色固体 |

从上表可知：卤素原子最外层都有 7 个电子，有得到 1 个电子形成 8 个电子稳定倾向，因此通常情况下，卤素表现的化合价为 -1 价，此外氯、溴、碘除有 -1 价化合物外，还有 +1、+3、+5、+7 价的化合物。随着氟、氯、溴、碘核电荷数依次增加，原子结构与元素性质表现一定的规律性：随着核电荷数依次增加，电子层数依次增多，原子半径逐渐增大，得电子的能力逐渐减弱，非金属性逐渐减弱。

## 二、卤素单质

### （一）卤素单质的性质

卤素中的氟、氯、溴、碘在结构上的相似性，导致性质上的相似，但也有不同点。

卤素的结构特点及物理性质　卤素单质都是双原子分子，单质的物理性质有较大差别，但存在一定的递变规律。卤素单质主要物理性质见表 5-4。

表 5-4　卤素单质主要物理性质

| 单质 | 状态 | 颜色 | 密度（常温）（$g/cm^3$） | 沸点℃ | 溶解度（常温 100g 水） |
|---|---|---|---|---|---|
| F | 气体 | 淡黄色 | $1.690 \times 10^{-3}$ | $-188.1$ | 反应 |
| Cl | 气体 | 黄绿色 | $3.214 \times 10^{-3}$ | $-34.6$ | 0.983g |
| Br | 液体 | 红棕色 | 3.119 | 58.78 | 4.17g |
| I | 固体 | 紫黑色 | 4.93 | 184.4 | 0.029g |

从上表可以看出,随着原子序数的递增,卤素单质状态从气态→液态→固态,颜色逐渐加深,密度逐渐增大,熔点、沸点逐渐升高,在水中的溶解度依次减小。

此外,不同的卤素单质在物理性质上还有自己的特性。例如溴和碘虽能溶于水,但溶解度较小,更易溶于有机溶剂如酒精、汽油、四氯化碳等。医药上消毒用的碘酊,就是碘的酒精溶液。

碘在常压下加热,不经过熔化就直接变成紫色蒸气,碘蒸气在冷却时,也不经过液态就重新凝成固体。这种固体物质不经过液态而直接转化为气态的现象,称为升华。利用碘的这一特性,可以精制碘。

人体中需要一定量的碘,饮水或食物中长期缺少碘就可能引发甲状腺肿大,所以在我国很多地区都服用碘盐。碘盐是把少量碘化物与大量食盐混合均匀后而得。碘化物主要是碘化钾和碘酸钾,加碘浓度国家有规定。

(1)卤素与金属的反应:氟、氯、溴、碘都能与金属反应,生成金属卤化物。

$$2Na + Cl_2 \xrightarrow{\text{点燃}} 2NaCl$$

(2)卤素与氢气的反应:卤素与氢气反应的剧烈程度明显地按氟、氯、溴、碘的顺序依次减弱。

氟与氢气的反应不需光照,在暗处就能剧烈,化合并发生爆炸。

$$H_2 + F_2 \xrightarrow{\text{暗室}} 2HF$$

氯与氢气的反应在光照或点燃条件下,化合并发生爆炸。

$$H_2 + Cl_2 \xrightarrow{\text{光照}} 2HCl$$

溴与氢气在高温下才能有明显的反应。

$$H_2 + Br_2 \xrightarrow{\text{加热}} 2HBr$$

碘与氢气的反应必须在不断加强热的条件下,才能缓慢地进行,生成的碘化氢很不稳定,同时发生分解。

$$H_2 + I_2 \xrightarrow{\text{高温}} 2HI$$

卤化氢稳定性由强到弱的顺序为:HF → HCl → HBr → HI。

卤化氢的水溶液叫做氢卤酸。它们和盐酸一样具有酸的通性。除氢氟酸是弱酸外,其他都是强酸,其酸性强度按 HCl → HBr → HI 的顺序依次增强。

氢氟酸能溶解二氧化硅和硅酸盐,发生下列反应:

$$SiO_2 + 4HF = SiF_4 \uparrow + 2H_2O$$

$$CaSiO_3 + 6HF = SiF_4 \uparrow + CaF_2 + 3H_2O$$

二氧化硅是玻璃的主要成分,故氢氟酸能腐蚀玻璃。利用氢氟酸的这一特性,可以在玻璃上刻花纹或玻璃仪器上刻标度,所以保存氢氟酸不能用玻璃容器。

(3)卤素与水的反应:氟、氯、溴、碘都能与水反应,但反应的剧烈程度也有差别。氟与水发生剧烈反应,生成氟化氢和氧气。溴与水的反应比氯与水的反应更弱。碘与水只有很微弱的反应。

$$2F_2 + 2H_2O = 4HF \uparrow + O_2 \uparrow$$

$$Cl_2 + H_2O = HCl + HClO$$

$$Br_2 + H_2O = HBr + HBrO$$

(4)卤素间的置换反应:卤素的氧化能力和卤离子的还原能力大小顺序为:

氧化能力　　F$_2$>Cl$_2$>Br$_2$>I$_2$

还原能力　　I$^-$>Br$^-$>Cl$^-$>F$^-$

氯可以把溴、碘从它们的卤化物中置换出来，溴可以把碘从碘化物中置换出来。

$$2NaBr + Cl_2 = 2NaCl + Br_2（红棕色）$$

$$2KI + Cl_2 = 2KCl + I_2（紫红色）$$

$$2KI + Br_2 = 2KBr + I_2$$

（5）碘与淀粉的反应：在有少量 I$^-$ 离子存在下，碘与淀粉会形成蓝色配合物，利用碘的这一特殊性质，可以检验碘或淀粉的存在。

（6）卤离子的检验：多数金属卤化物为白色晶体，易溶于水。但卤化银一般难溶于水（除氟化银外），而且不溶于稀硝酸，并具有不同的颜色。可利用这一特性来检验卤离子。

$$Cl^- + AgNO_3 = NO_3^- + AgCl \downarrow 白色$$

$$Br^- + AgNO_3 = NO_3^- + AgBr \downarrow 淡黄色$$

$$I^- + AgNO_3 = NO_3^- + AgI \downarrow 黄色$$

## （二）氯气

氯气分子式为 Cl$_2$，是由两个氯原子组成的双原子分子。在通常状况下是黄绿色，密度为空气密度的 2.5 倍，易液化，能溶于水。

氯气有剧毒，它具有强烈的刺激性气味。吸入大量氯气会使人中毒致死，即使吸入少量也会使鼻、咽喉的黏膜发炎，引起胸痛和咳嗽，使用和保管氯气要加倍小心。实验室里闻氯气气味时，应用手轻轻地在瓶口扇动，使极少量的氯气飘进鼻孔即可，轻微中毒时可吸入少量的氨气做解毒剂。

氯原子最外层有 7 个电子，在化学反应中容易结合 1 个电子达到 8 个电子的稳定结构，因此，氯的化学性质很活泼。

1. 氯气与金属反应　在一定条件下，氯气能跟绝大多数金属反应生成盐。例如：金属钠能在氯气中剧烈燃烧，生成白色的氯化钠晶体。

$$2Na + Cl_2 \xrightarrow{点燃} 2NaCl$$

铁在氯气中燃烧，生成棕色的三氯化铁晶体。

$$2Fe + 3Cl_2 \xrightarrow{燃烧} 2FeCl_3$$

2. 氯气与非金属反应　在一定条件下，氯气能与氢气、磷等非金属反应，但不能与氧气、碳等直接化合。

氯气与氢气在常温没有光照的条件下混合，反应极其缓慢，几乎观察不出它们的反应。但在光照加热时，反应瞬间完成，并发生爆炸。

$$H_2 + Cl_2 \xrightarrow{光照} 2HCl + Q$$

3. 氯气与水反应　氯气溶于水形成氯水。氯水呈黄绿色。溶解在水中的部分氯气能与水反应，生成盐酸和次氯酸。

$$Cl_2 + H_2O = HCl + HClO$$

次氯酸（HClO）是一种强氧化剂，具有氧化、漂白和消毒作用。次氯酸不稳定，见光易分解放出氧气。

$$2HClO \xrightarrow{见光} 2HCl + O_2 \uparrow$$

4. 氯气与碱的反应　氯气和碱反应生成氯化物、次氯酸盐和水。

$$2Cl_2 + 2Ca(OH)_2 = CaCl_2 + Ca(ClO)_2 + 2H_2O$$

工业上就用氯气和消石灰作用制取漂白粉。漂白粉是氯化钙和次氯酸钙的混合物，它的有效成分是次氯酸钙，次氯酸钙又称漂白精。漂白粉不仅用于棉、麻、纸浆的漂白，也广泛用于饮用水，游泳池、厕所等消毒。

## 三、卤素化合物

### （一）卤化氢

1. 卤化氢的通性　卤化氢分子通式为 HX，通常为气态，其水溶液称为氢卤酸。X 与 H 之间为极性共价键，HX 为极性分子，都有刺激性气味，有一定毒性，以 HF 毒性最大，卤化氢的一些物理性质见表 5-5。

表 5-5　卤化氢的一些物理性质

| 物理性质 | HF | HCl | HBr | HI |
|---|---|---|---|---|
| 熔点℃ | −83.1 | −114.3 | −88.5 | −508 |
| 沸点℃ | 19.54 | −84.9 | −67 | −35.38 |
| 溶解度（质量分数）（20℃，101.3KPa） | 35.3 | 42 | 49 | 57 |
| 1000℃分解百分数 | | 0.014 | 0.5 | 33 |

从表 5-5 中可看出，卤化氢的熔、沸点按 HF、HCl、HBr、HI 顺序逐渐升高，但 HF 异常，这是由于 HF 分子间存在氢键，存在其他卤化氢分子间没有的缔合作用。卤化氢是极性分子，它们都易溶于水。卤化氢的热稳定性按 HF、HCl、HBr、HI 顺序急剧下降。

此外，气态和液态卤化氢均不导电，它们的水溶液氢卤酸能导电，纯净的卤化氢性质不活泼，即使与活泼金属 Zn、Fe 作用也非常缓慢，而氢卤酸很活泼，与 Zn、Fe 等反应剧烈并放出氢气。

2. 重要的氢卤酸

（1）氢氯酸（HCl）：俗称盐酸，纯净的盐酸为无色透明的液体，市售浓盐酸质量分数为 37%，密度为 1.19Kg/L。盐酸与硫酸、硝酸被称为重要的三大无机强酸，具有酸的一切通性，如能使酸碱指示剂石蕊变红、与活泼金属反应产生氢气、与碱发生中和反应等。

盐酸用途广泛，常用于冶金及金属氯化物的制备。药品合成及中草药成分的提取也要使用盐酸，人体胃酸的主要成分为盐酸，口服一定量极稀的盐酸可治疗胃酸缺乏症。

（2）氢氟酸（HF）：氢氟酸是弱酸，但能与 $SiO_2$、$CaSiO_3$ 反应生成气态的 $SiF_4$，化学反应式如下：

$$4HF + SiO_2 = SiF_4 \uparrow + H_2O$$

$$6HF + CaSiO_3 = SiF_4 \uparrow + 2H_2O + CaF_2$$

氢氟酸及氟化氢的毒性很大，使用时应加以注意。氢氟酸与皮肤接触易引起难以治愈的灼伤，如发现皮肤沾染氢氟酸，须立即用大量清水冲洗，敷以氨水。

### （二）常见金属卤化物

金属卤化物在自然界中分布很广，常见的金属卤化物如下：

1. 氯化钠（NaCl）　俗名食盐，纯的氯化钠是无色透明的晶体，通常所见的是白色结晶性粉末。

氯化钠是人体正常生理活动不可缺少的物质,所以每天要摄入适量食盐来补充通过尿液,汗液等排泄掉的氯化钠。

临床上用的生理盐水是浓度 9g/L 的氯化钠溶液,用于出血过多,严重腹泻等引起的脱水病症,也可以用来洗涤伤口。

2. 氯化钾(KCl) 氯化钾是无色晶体,农业上用作钾肥。医药上用于低血钾的治疗,亦可用作利尿药。

3. 氯化钙(CaCl$_2$) 氯化钙通常为含结晶水的无色晶体(CaCl$_2$·2H$_2$O)加热后会失去结晶水,成为白色的无水氯化钙。无水氯化钙具有很强的吸水性,常用作干燥剂。医药上用于钙缺乏症,也可用作抗过敏药。

4. 溴化钠(NaBr) 溴化钠是白色结晶性粉末,具有吸湿性,易潮解。医药上用作镇静剂。

5. 碘化钾(KI) 碘化钾是白色晶体或结晶性粉末,具有微弱的吸湿性。医药上用于治疗甲状腺肿和配制碘酊。

 相关知识链接

### 碘缺乏对人体的危害

碘是人体必需的微量元素。人体内碘的量约为 20~25mg,主要集中在甲状腺。甲状腺的功能是合成甲状腺素。甲状腺素的作用是促进人体(特别是未成年人)的新陈代谢和胎儿的生长发育,而碘正是人体合成甲状腺素所必需的原料。因此,人体缺碘就会造成甲状腺肿大,甲状腺激素合成减少,导致智力低下、身材矮小等,统称为碘缺乏病。它不是单一的一种疾病,而是一系列疾病、障碍的总称,会对人类健康造成极大的危害。主要有:

(1)地方性甲状腺肿:在缺碘地区,不分性别,年龄都可能发生。人体缺碘造成甲状腺激素合成不足,分泌量减少,脑垂体促使甲状腺激素分泌增多,刺激甲状腺增强作业,久而久之,甲状腺细胞呈现活跃性的增生和肥大,从而导致了甲状腺肿的发生。

(2)呆小症:是由于母体严重碘缺乏而影响了胎儿和哺乳期婴幼儿的大脑发育造成的,该病的临床表现为:傻、哑、聋(有程序不同的语言和听力障碍),小(身体矮小、有的成人只有 60~70cm 高)瘫。面容特殊:头大、傻相,表情迟钝,眼间距宽,塌鼻梁、鼻朝天、厚唇,舌外伸,流涎等。

(3)成年人甲状腺机能低下:成人期甲状腺激素分泌不足,将会导致中枢神经系统兴奋性降低,常见说话和行动迟缓,记忆力减退,淡漠无情与终日嗜睡。

(4)孕妇缺碘可造成早产、死胎、畸形、新生儿甲状腺功能低下、单纯性聋哑及新生儿死亡率增高。

# 第三节 氧族元素

氧族元素位于周期表第ⅥA族,包括氧(O)、硫(S)、硒(Se)、碲(Te)、钋(Po)五种元素。5 种元素中,氧在地壳中含量最多,它遍及岩石层、水层和大气层,在岩石层中,氧主要以氧化物和含氧酸盐的形式存在,在海水中,氧占海水质量的 89%,而在大气层中,氧以单质状态存在,约占大气质量的 23%。而且氧还是人体必需的宏量元素之一,在人体内诸元素总量中占 65%。氧元素参与人体的各项生理作用,是人体内蛋白质、脂肪、碳水化合物和核酸的重要构成成分。硫在地壳中含量很少,约占 0.052%,在自然界中硫以单质和化合态硫两种形态存在,天然的硫化合物包括金属硫化物、硫酸盐和有机硫化物三大类,最重要的硫化物矿是黄铁矿,它是制造硫酸的重要原料。硒与碲都为稀有元素,钋是放射性元素,含量很少,是氧族元素中唯一的金属元素。

## 一、氧族元素通性

氧族元素原子的最外层都有 6 个电子,与同周期的卤族元素相比,氧族元素的非金属性比卤族元素的稍弱,氧族元素的原子结构及主要性质的递变规律见表 5-6(钋除外)。

表 5-6　氧族元素的原子结构及主要性质的递变规律

| 元素名称 | 氧 | 硫 | 硒 | 碲 |
|---|---|---|---|---|
| 元素符号 | O | S | Se | Te |
| 原子序数 | 8 | 16 | 34 | 52 |
| 电子层数 | 2 | 3 | 4 | 5 |
| 最外层电子数 | 6 | 6 | 6 | 6 |
| 主要化合价 | $-2,0$ | $-2,+4,+6$ | $-2,+4,+6$ | $-2,+4,+6$ |
| 原子半径 /$10^{-10}$m | 0.66 | 1.04 | 1.17 | 1.37 |
| | | | 逐渐增大 ⟶ | |
| 固体密度（g/cm³） | 1.3 | 2.1 | 4.8 | 6.2 |
| | | | 逐渐增大 ⟶ | |
| 单质颜色与状态 | 无色气体 | 黄色固体 | 灰色固体 | 银白色固体 |
| 与 $H_2$ 化合难易 | 点燃剧烈反应 | 加热时化合 | 较高温度时化合 | 不直接化合 |
| 氢化物稳定性 | | | 逐渐减弱 ⟶ | |
| 氧化物 | — | $SO_2$ $SO_3$ | $SeO_2$ $SeO_3$ | $TeO_2$ $TeO_3$ |
| 氧化物对应水化物 | — | $H_2SO_3$ $H_2SO_4$ | $H_2SeO_3$ $H_2SeO_4$ | $H_2TeO_3$ $H_2TeO_4$ |
| 最高价氧化物水化物酸性 | | | 逐渐减弱 ⟶ | |
| 元素非金属性 | | | 逐渐减弱 ⟶ | |

氧族元素最外层电子数为 6,比 8 电子稳定结构少 2 个电子,在化学反应中有得到 2 个电子的倾向,除钋外,氧、硫、硒、碲是典型的非金属,非金属性仅次于卤族元素。氧位于

第 2 周期,是非金属元素很强的元素,其非金属性仅次于氟,因此,氧除了与氟化合显+2 价外,在一般的化合物中氧都表现 −2 价(氧在过氧化物中呈现 −1 价)。氧几乎能跟大多数金属元素直接或间接化合,生成离子化合物,如 $Na_2O$、$K_2O$ 等,氧与非金属元素化合则形成共价化合物如 $H_2O$、$CO_2$ 等。硫、硒、碲同氧一样,易得到 2 个电子显示 −2 价,同时最外电子层的 6 个电子或 4 个电子还可以发生偏移而显示+6 价或+4 价。

氧族元素的单质的性质也有一定的差别,物理性质随着原子序数的递增而呈有规律的变化。

氧族元素的化学性质也随着原子序数的递增而呈有规律的变化。如它们与氢化合时,氧与氢气反应最容易,也最剧烈,生成物最稳定,硫和硒与氢气只在高温下才能化合,而碲与氢气不能直接化合,生成物也最不稳定,硫、硒、碲元素的含氧酸的酸性也随着原子序数的增大而逐渐减弱。

## 二、氧及其化合物

### (一)氧单质

氧是自然界含量最大的元素,丰度为 46.6%,它与所有元素都能形成化合物,单质有氧气和臭氧两种同素异形体。

1. 氧气($O_2$) 氧气是无色无味的气体,液态氧气呈蓝色,熔点与沸点低,微溶于水。

氧气具有氧化性,能氧化金属、一些非金属、有机物、低价氧化物如 CO、NO 及一些还原性化合物如亚铁盐、碘化物、硫化物以及亚硫酸盐等。

$O_2$ 的制备方法:工业上制备氧气的方法有电解 20%NaOH 的水溶液和分馏液态空气两种方法。而实验室中通常用高锰酸钾或氯酸钾制备,反应式如下:

$$2H_2O \xrightarrow{800K} 2H_2\uparrow + O_2\uparrow$$

$$2KMnO_4 \xrightarrow{800K} K_2MnO_4 + MnO_2 + O_2\uparrow$$

$$2KClO_3 \xrightarrow{MnO_2}_{513K} 2KCl + 3O_2\uparrow$$

2. 臭氧($O_3$) 常温常压下,臭氧为有鱼腥味的淡蓝色气体,液化后呈暗紫色,固体为紫色,与 $O_2$ 为同素异形体,密度比氧气的大,比氧气易溶于水,但不及 $O_2$ 稳定。大气中臭氧层是人类的保护伞。

臭氧不稳定,常温下缓慢分解,高温或有催化剂时可以迅速分解:

$$2O_3 = 3O_2$$

与氧气相似,臭氧也有氧化性,且其氧化性极强,不但能氧化金属、一些非金属、有机物、低价氧化物、亚铁盐、碘化物、硫化物以及亚硫酸盐等,还能氧化 Ag、Hg 等在空气中或氧气中不易被氧化的金属。例如:

$$2Ag + 2O_3 = Ag_2O_2 + 2O_2$$
$$PbS + 2O_3 = PbSO_4 + O_2$$

再者,臭氧还能使淀粉碘化钾试纸变蓝,放出氧气,此反应可用于区别臭氧与氧气。

浓的臭氧很臭,而且对人有害。但是稀薄的臭氧非但不臭,反而给人以清新的感觉。雷雨后,空气中便游荡着少量的臭氧,起着净化空气和杀菌作用。此外,臭氧还能氧化色素,所以它能作漂白剂。

### (二)过氧化氢( $H_2O_2$ )

纯的过氧化氢为淡蓝色黏稠的液体,熔点为 $-0.89℃$ ,沸点为 $151.4℃$ ,能与水以任意比例混合。

过氧化氢的主要化学性质:

1. **不稳定**　过氧化氢不稳定,在加热或者剧烈振荡或有催化剂(如二氧化锰、生物体内的过氧化氢酶等)存在的情况下会快速分解。

$$2H_2O_2 = 2H_2O + O_2\uparrow$$

此外,介质的酸碱性、杂质的存在和波长等因素都能促进过氧化氢的分解。例如过氧化氢在碱性介质中的分解速度比在酸性介质中快,加入 $Fe^{3+}$ 等金属离子或在波长为 $320\sim380nm$ 光(紫外光)中都能促进过氧化氢的分解。由于过氧化氢的不稳定,故应将过氧化氢保存在棕色瓶中置于阴凉处。

2. **弱酸性**　 $H_2O_2$ 是二元弱酸。例如:

$$Ba(OH)_2 + H_2O_2 = BaO_2 + 2H_2O$$

3. **氧化性**　过氧化氢在酸性或碱性溶液中具有较强的氧化性,如:

$$H_2O_2 + 2KI + 2HCl = 2KCl + I_2 + 2H_2O$$
$$2Fe^{2+} + H_2O_2 + 2H^+ = 2Fe^{3+} + 2H_2O$$
$$H_2O_2 + H_2S = S\downarrow + 2H_2O$$
$$H_2O_2 + SO_2 = H_2SO_4$$

在酸性条件下 $H_2O_2$ 的还原产物为 $H_2O$ ,在中性或碱性条件其还原产物为氢氧化物。

4. **还原性**　当过氧化氢遇到强氧化剂,可以作为还原剂。例如:

$$2KMnO_4 + 5H_2O_2 + 3H_2SO_4 = 2MnSO_4 + K_2SO_4 + 5O_2\uparrow + 8H_2O$$
$$H_2O_2 + Cl_2 = 2HCl + O_2\uparrow$$

鉴别过氧化氢的方法是在酸性溶液中加入重铬酸钾溶液,生成蓝色的过氧化铬,过氧化铬在水中不稳定,在乙醚中较稳定,故常预先加入一些乙醚,化学反应方程式为:

$$K_2Cr_2O_7 + 4H_2O_2 + H_2SO_4 = K_2SO_4 + 2CrO_5 + 5H_2O$$

过氧化氢常用作氧化剂与漂白剂,用于漂白毛、丝织物,发黑的油画可以利用过氧化氢复原,其原理为:

$$PbS(黑色) + 4H_2O_2 = PbSO_4(白色) + 4H_2O$$

纯的过氧化氢可用作火箭燃料的氧化剂,工业上还可用过氧化氢生产过氧化物,临床上用3%的过氧化氢溶液洗涤化脓性口、0.1%的 $H_2O_2$ 水溶液可用于口腔咽喉炎漱口用。浓度大于30%的过氧化氢水溶液会灼伤皮肤。

### 三、硫及其化合物

#### (一)单质硫

1. **物理性质**　黄色晶体,俗称硫磺;硬而脆,不溶于水,微溶于酒精,易溶于二硫化碳 ( $CS_2$ )

2. **硫的化学性质**　硫元素在化学反应中能获得2个电子,具有较强的氧化性;又能形成共用电子对,显 $+4$ 、 $+6$ 价,具有较弱的还原性。如硫能与氢气及大多数金属反应,呈现其氧化性:

$$2Na + S \xmapsto{\Delta} Na_2S$$

$$2Cu + S \xmapsto{\Delta} Cu_2S$$

$$Fe + S \xmapsto{\Delta} FeS$$

$$2Ag + S \xmapsto{\Delta} Ag_2S$$

$$Hg + S \xmapsto{\phantom{\Delta}} Hgs$$

$$H_2 + S \xmapsto{\text{点燃}} H_2S$$

硫与一些非金属反应呈现其还原性,例如:

$$O_2 + S \xmapsto{\text{点燃}} SO_2$$

硫还能与其他物质反应,例如:

$$3S + 6NaOH \xmapsto{\Delta} 2Na_2S + Na_2SO_3 + 3H_2O$$

硫的用途(图 5-2)。

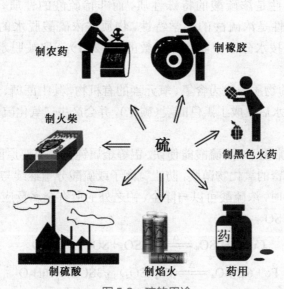

图 5-2 硫的用途

## (二)硫化氢(H₂S)

硫化氢是硫的氢化物中最简单的一种。常温时硫化氢是一种无色有臭鸡蛋气味的剧毒气体,故制备或使用硫化氢时,应在密闭系统或通风橱中进行。硫化氢比空气重,能溶于水,常温常压下 1 体积的水能溶解 2.6 体积的硫化氢,其水溶液称为氢硫酸,氢硫酸是一种二元弱酸。硫化氢其分子的几何形状和与水分子相似,是一个极性分子,但极性比水弱,由于分子间没有氢键的生成,使它的熔点(-82.9℃)和沸点(-61.8℃)比水低。

硫化氢的主要化学性质如下:

**1. 热稳定性** 由于 H-S 键能较弱,所以对热稳定性差,在 300℃左右硫化氢分解。

$$H_2S \xmapsto{\Delta} H_2 + S$$

**2. 还原性** $H_2S$ 中 S 是 -2 价,具有较强的还原性,很容易被 $SO_2$,$Cl_2$,$O_2$ 等氧化。

例如：$H_2S$ 中在空气中点燃呈现蓝色火焰，生成二氧化硫和水。

$$2H_2S + 3O_2 = 2SO_2 + 2H_2O$$

若空气不足或温度较低时则生成单质硫和水。

（三）浓硫酸

纯硫酸是一种无色无味油状液体。常用的浓硫酸的质量分数为 98.3%，其密度为 1.84g/mL，其物质的量浓度为 18.4mol/L。98.3% 时，熔点：$-90.8℃$；沸点：$338℃$。硫酸是一种高沸点难挥发的强酸，易溶于水，能以任意比与水混溶。浓硫酸溶解时放出大量的热，因此浓硫酸稀释时应该"酸入水，沿器壁，慢慢倒，不断搅拌"。浓硫酸在浓度高时具有强氧化性。

浓硫酸的主要化学性质有：

1．吸水性　浓硫酸的吸水性是指浓硫酸分子与水作用形成硫酸水合物。浓硫酸不仅能吸收一般的游离态水（如空气中的水），还能吸收某些结晶水合物（如 $CuSO_4·5H_2O$）中的水，正是由于浓硫酸有强吸水性常被用作干燥剂。

2．脱水性　脱水性是浓硫酸的特殊性质，而非稀硫酸的性质，即浓硫酸有脱水性且脱水性很强。脱水性是浓硫酸的化学特性，物质被浓硫酸脱水的过程是化学变化的过程，反应时，浓硫酸按水分子中氢氧原子数的比（2∶1）夺取被脱水物中的氢原子和氧原子。

可被浓硫酸脱水的物质一般为含氢、氧元素的有机物，其中蔗糖、木屑、纸屑和棉花等物质中的有机物，被脱水后生成了黑色的炭（碳化），并会产生二氧化硫。

3．强氧化性

（1）跟金属反应：常温下，浓硫酸能使铁、铝等金属钝化。主要原因是硫酸分子与这些金属原子化合，生成致密的氧化物薄膜，防止氢离子或硫酸分子继续与金属反应，如铁一般认为生成 $Fe_3O_4$。加热时，浓硫酸可以与除金、铂之外的所有金属反应，生成高价金属硫酸盐，本身一般被还原成 $SO_2$。

$$Cu + 2H_2SO_4 \xrightarrow{\Delta} CuSO_4 + SO_2 \uparrow + 2H_2O$$

$$Fe + 6H_2SO_4 \xrightarrow{\Delta} Fe_2(SO_4)_3 + 3SO_2 \uparrow + 6H_2O$$

$$Zn + 2H_2SO_4 \xrightarrow{\Delta} ZnSO_4 + SO_2 \uparrow + 2H_2O$$

在上述反应中，硫酸表现出了强氧化性和酸性。

（2）跟非金属反应：热的浓硫酸可将碳、硫、磷等非金属单质氧化到其高价态的氧化物或含氧酸，本身被还原为 $SO_2$。在这类反应中，浓硫酸只表现出氧化性。

$$C + 2H_2SO_4 \xrightarrow{\Delta} CO_2 \uparrow + 2SO_2 \uparrow + 2H_2O$$

硫酸的用途见图 5-3。

（四）重要的硫酸盐

1．硫酸钠（$Na_2SO_4$）　含有结晶水的硫酸钠称为芒硝（$Na_2SO_4·10H_2O$），芒硝为无臭、味咸苦，在空气中易风化失去结晶水，加热也可使其失去结晶水成为无水硫酸钠，无水硫酸钠中药名为玄明粉，可做缓泻剂，无水硫酸钠极易结合水生成结晶硫酸钠，因此也常用作脱水剂。

2．硫酸锌（$ZnSO_4$）　含 7 个结晶水的硫酸锌称为皓矾（$ZnSO_4·7H_2O$），为无色晶体，临床上用作收敛剂，可以使有机组织收缩，减少腺体分泌；此外，也用做白色颜料，还可用于木材的防腐。

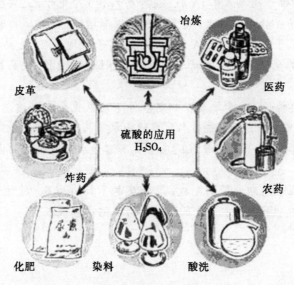

图 5-3 硫酸的用途

3. 硫酸亚铁（$FeSO_4$） 含有 7 个结晶水的硫酸亚铁称为绿矾（$FeSO_4 \cdot 7H_2O$），为淡绿色晶体，在临床上用作补血剂，工业上用于制造蓝黑墨水。

4. 明矾 分子式为 $KAl(SO_4)_2 \cdot 12H_2O$，为无色透明晶体，无臭、味甜而涩，可用于水的净化。此外，常见的硫酸盐还有硫酸钙和胆矾：

（1）硫酸钙（$CaSO_4$）含有 2 个结晶水的硫酸钙称为石膏（$CaSO_4 \cdot 2H_2O$），通常为白色、无色晶体，无色透明晶体称为透石膏，石膏是一种用途广泛的工业材料和建筑材料。可用于水泥缓凝剂、石膏建筑制品、模型制作、医用食品添加剂、硫酸生产、纸张填料、油漆填料等。临床上用它做石膏绷带。

（2）胆矾（$CuSO_4 \cdot 5H_2O$）是五水合硫酸铜的俗称，深蓝色或淡蓝色，半透明的晶体，无臭，味苦、涩。置露于干燥空气中，缓缓风化，加热烧之，即失去结晶水变成白色。胆矾性味 酸、辛，寒，有祛风痰，消积滞，燥湿杀虫之功能，用于风热痰涎壅塞，癫痫；外用治口疮，风眼赤烂，疮疡肿毒。此外胆矾也是颜料、电池、杀虫剂、木材防腐等方面的化工原料。

（五）硫酸根离子的检验

硫酸和硫酸盐溶于水后都能产生硫酸根离子（$SO_4^{2-}$），能和钡离子（$Ba^{2+}$）生成难溶于水的白色硫酸钡（$BaSO_4$）沉淀，且此沉淀加入硫酸或稀硝酸也不溶解，在同样条件下，碳酸根离子和亚硫酸根离子也能与钡离子结合生成碳酸钡（$BaCO_3$）或亚硫酸钡（$BaSO_3$）白色沉淀，但沉淀会溶于硫酸或稀硝酸，故常用氯化钡和稀硝酸鉴定硫酸根离子。

例如：

$H_2SO_4 + BaCl_2 = 2HCl + BaSO_4 \downarrow$（白色）

$Na_2SO_4 + BaCl_2 = 2NaCl + BaSO_4 \downarrow$（白色）

$Na_2CO_3 + BaCl_2 = 2NaCl + BaCO_3 \downarrow$（白色）

$BaCO_3 + 2HCl = BaCl_2 + H_2O + CO_2 \uparrow$

本章小结

    1. 碱金属元素位于周期表第ⅠA族，最外层只有1个电子，是典型的金属元素。随核电荷数增加，原子半径逐渐增大，元素金属性逐渐增强，对应碱的碱性逐渐增强。

    2. 卤族元素位于周期表第ⅦA族，最外层电子数均为7，是典型的非金属元素。随核电荷数增加，非金属性逐渐减弱，氢化物稳定性逐渐减弱，最高氧化物的水化合物酸性逐渐减弱。

    3. 卤素的主要特性：卤素单质在一定条件下与氢化合。单质与水反应通式：$X_2 + H_2O \rightleftharpoons HX + HXO$（氟除外，氟与水反应放出氧气）。通常利用碘与淀粉发生反应鉴定碘单质，而利用卤素离子与硝酸银反应生成不溶于水且有颜色的卤化银这一特性来检验卤离子。

    4. 氧族元素位于周期表第ⅥA族，最外层电子数均为6。随核电荷数增加，非金属性逐渐减弱，金属性逐渐增强，最高氧化物的水化物酸性减弱。

目标测试

**一、选择题**

1. 向下列溶液中加入 $AgNO_3$ 溶液，能生成不溶于稀硝酸的白色沉淀的是
    A. 溴化钠　　　　　　　　　　B. 氯酸钾
    C. 氯化钠　　　　　　　　　　D. 四氯化碳
    E. 碘化钠

2. 用自来水养金鱼时，通常先将自来水经日晒一段时间后，再注入鱼缸，其目的是
    A. 利用紫外线杀死水中的细菌　　B. 提高水温，有利金鱼生长
    C. 增加水中的氧气含量　　　　　D. 促进水中的次氯酸分解
    E. 光照有助金鱼生长

3. 关于次氯酸性质的描述，错误的是
    A. 能使潮湿的有色布条褪色　　　B. 是一种强氧化剂
    C. 有消毒、杀菌的作用　　　　　D. 稳定、不易分解
    E. 不稳定，见光易分解

4. 下列说明不符合递变规律的是
    A. $F_2$、$Cl_2$、$Br_2$、$I_2$ 的氧化性逐渐增强
    B. HF、HCl、HBr、HI 的稳定性逐渐减弱
    C. $F^-$、$Cl^-$、$Br^-$、$I^-$ 的还原性逐渐增强
    D. HCl、HBr、HI 的酸性逐渐减弱
    E. $F_2$、$Cl_2$、$Br_2$、$I_2$ 的非金属性逐渐减弱

5. 氟是人体必需微量元素之一，下列关于氟的描述中正确的是
    A. 氟与水反应缓慢，生成 HF 和 $O_2$
    B. 大量吸入氟对人体不会造成危害
    C. 长期饮用高氟水会引起一些疾病，因此应控制饮用水含氟量

D. HF在常温下是无色气体,它的水溶液是强酸

E. 可用玻璃器皿盛装氢氟酸

6. 不能使湿润的碘化钾淀粉试纸变蓝色的物质是

    A. 氯化钾            B. 溴水            C. 碘酒

    D. 氯气            E. 氯水

7. 下列关于物质保存,叙述错误的是

    A. 液氟可以用钢瓶保存

    B. 氯水保存在棕色玻璃试剂瓶中

    C. 少量液溴保存在磨口试剂瓶中,并用水封

    D. 漂白粉保存在棕色瓶中

    E. 氢氟酸盛放于塑料容器中

8. 碘缺乏病遍及全球。为了控制该病的发生,较为有效的方法是食用含碘食盐。碘是合成下列哪种激素的主要原料之一

    A. 胰岛素        B. 甲状腺激素        C. 生长激素

    D. 雄性激素       E. 雌激素

9. 为维持人体内电解质平衡,人在大量出汗后应及时补充的离子是

    A. $Mg^{2+}$        B. $Ca^{2+}$        C. $Na^+$

    D. $Fe^{3+}$        E. $K^+$

10. 海带中含碘元素。从海带中提取碘,有如下操作步骤:①通入足量$Cl_2$;②将海带燃烧成灰后,加水搅拌;③加$CCl_4$振荡;④用分液漏斗分液;⑤过滤。合理的操作顺序是

    A. ①②③④⑤        B. ②⑤①③④

    C. ①③⑤②④        D. ②①③⑤④

    E. ②①③④⑤

11. 关于过氧化钠,下列叙述不正确的是

    A. 过氧化钠是淡黄色粉末,易吸潮

    B. 过氧化钠与水反应生成过氧化氢

    C. 过氧化钠不稳定,易分解出氧气

    D. 过氧化钠可做供氧剂,用于防毒面具

12. 氧族元素与非金属元素形成的化合物为

    A. 共价化合物     B. 离子化合物     C. 共价或离子化合物

    D. 配位化合物     E. 共价或配位化合物

13. 高层大气中的臭氧层保护了人类生存的环境,其作用是

    A. 消毒        B. 漂白        C. 保温

    D. 吸收紫外线     E. 吸收二氧化碳

14. 下列物质中属于过氧化物的是

    A. $Na_2O$        B. $H_2O$        C. $O_3$

    D. $Al_2O_3$        E. $H_2O_2$

15. 将$H_2O_2$加入$H_2SO_4$酸化的高锰酸钾溶液中,$H_2O_2$起什么作用?

    A. 氧化剂        B. 还原剂        C. 还原$H_2SO_4$

    D. 分解成氢和氧     E. 氧化$H_2SO_4$

63

16. 实验室中检验 $H_2S$ 气体,通常用的是
   A. 石蕊试纸
   B. pH 试纸
   C. 醋酸铅试纸
   D. KI 试纸
   E. KI 淀粉试纸

17. 在下列各组气体中,通常情况下能共存并且既能用浓 $H_2SO_4$,也能用碱石灰干燥的是
   A. $Cl_2$ $O_2$ $H_2S$
   B. $CH_4$ $H_2$ CO
   C. $NH_3$ $H_2$ $N_2$
   D. HCl $SO_2$ $CO_2$
   E. $CO_2$ $SO_3$ $H_2$

18. $SO_2$ 是大气污染危害较大的工业废气,下列措施中不能有效的消除 $SO_2$ 污染的是
   A. 用氨水吸收 $SO_2$
   B. 用 $NaHSO_3$ 吸收 $SO_2$
   C. 用石灰乳吸收 $SO_2$
   D. 用 $Na_2CO_3$ 吸收 $SO_2$
   E. 用 NaOH 吸收 $SO_2$

19. $H_2S$ 的沸点比 $H_2O$ 低,这可用下列哪一种理论解释
   A. 范德华力
   B. 共价键
   C. 离子键
   D. 氢键
   E. 金属键

20. $H_2O_2$ 溶液中加入少量 $MnO_2$ 固体时会发生什么反应
   A. $H_2O_2$ 分解
   B. $H_2O_2$ 被氧化
   C. $H_2O_2$ 被还原
   D. 复分解反应
   E. 置换反应

21. 下列关于物质的保存不正确的是
   A. AgI、$I_2$、AgBr 应保存在棕色瓶中
   B. 氢氟酸应保存在塑料瓶中
   C. 溴应用水封存
   D. 漂白粉可露置于空气中保存
   E. 密封保存漂白粉

22. 只用一种试剂就能区别 NaCl、NaBr、NaI 三种溶液,该试剂是
   A. $AgNO_3$ 溶液
   B. 氯化钡
   C. 溴水
   D. 碘水
   E. 稀盐酸

23. 鉴别溴水和碘水时应选用
   A. 碘化钾淀粉试液
   B. 淀粉溶液
   C. 氢氧化钠溶液
   D. 四氯化碳
   E. 氯化钠溶液

24. 方志敏烈士生前在狱中曾用米汤(内含淀粉)给鲁迅先生写信,鲁迅先生收到信后,为了看清信中的内容,使用的化学试剂是
   A. 碘化钾
   B. 碘酒
   C. 溴水
   D. 碘化钾淀粉溶液
   E. 酒精

25. 生理盐水是指
   A. 食盐水
   B. 9g/L 的氯化钠溶液
   C. 0.9g/L 的氯化钠溶液
   D. 90g/L 的氯化钠溶液
   E. 9g/L 的碳酸氢钠溶液

26. 在碘水中加入四氯化碳振荡后静置,现象是
   A. 下层液体呈紫红色,上层液体接近无色

B. 上层液体呈紫红色,下层液体接近无色

C. 液体均显无色

D. 溶液浑浊不分层,整个溶液呈紫红色

E. 溶液澄清不分层,整个溶液呈紫红色

27. 下列物质可用加热方法分离的是

A. 液溴和水　　　　　　　　　　B. 碘和食盐

C. $KClO_3$ 和 $KCl$ 　　　　　　D. $AgI$ 和 $AgBr$

E. $NaCl$ 和 $NaBr$

28. 对于碘离子性质的叙述中,正确的是

A. 能发生升华现象　　　　　　　B. 能使淀粉溶液变蓝

C. 易发生还原反应　　　　　　　D. 易发生氧化反应

E. 具有较强的氧化性

29. 食盐加碘是克服人体缺碘的主要措施,考虑碘元素的保存效果,在食盐中所加的微量碘应为

A. $I_2$ 　　　　　　B. $KI$ 　　　　　　C. $NaI$

D. $NaIO_3$ 或 $KIO_3$ 　　　E. $NaIO$ 或 $KIO$

30. 室温下,既有颜色又有毒性的气体是

A. $HCl$ 　　　　　　B. $N_2$ 　　　　　　C. $CO_2$

D. $Cl_2$ 　　　　　　E. $CO$

31. 当氯水作漂白剂时,真正起漂白作用的是

A. $Cl^-$ 　　　　　　B. $Cl_2$ 　　　　　　C. $HCl$

D. $HClO$ 　　　　　　E. $O_2$

32. 在下列溶液中滴入 $AgNO_3$ 溶液,能生成不溶于稀硝酸的白色沉淀的是

A. $CaCl_2$ 　　　　　　B. $KI$ 　　　　　　C. $NaBr$

D. $Na_2CO_3$ 　　　　　　E. $Na_2SO_3$

33. 微量元素是指人体中总含量不到万分之一、质量总和不到人体质量的千分之一的近 20 种元素,这些元素对人体正常代谢和健康起着重要作用。下列元素中,不是微量元素的是

A. I 　　　　　　B. H 　　　　　　C. Se

D. Fe 　　　　　　E. Zn

34. 下列试剂可以在空气中露置久贮不会变质的是

A. 氯水　　　　　　B. 过氧化钠　　　　　　C. 氯化钠

D. 漂白粉　　　　　　E. 过氧化氢溶液

35. 臭氧是氧气吸收了太阳的波长小于 185nm 的紫外线后形成的,不过当波长在 25nm 左右的紫外线照射臭氧时,又会使其生成氧气。下列说法中正确的是

A. 臭氧有漂白作用,其漂白原理与 $SO_2$ 的漂白原理相同

B. 臭氧转化为氧气和氧气转化为臭氧均需要吸收能量

C. 和氧气比较,臭氧的氧化性较强

D. 臭氧和氧气互为同素异形体,它们之间的转化是物理变化

E. 臭氧和氧气互为同位素,它们之间的转化是物理变化

36. 下列物质都具有漂白性，其中漂白原理和其他几种不同的是
    A. HClO          B. $Na_2O_2$          C. 活性炭
    D. $O_3$          E. $H_2O_2$

37. 全社会都在倡导诚信，然而总是有一部分不法商贩在背道而驰。如有些商贩为了使银耳增白，就用硫黄（燃烧硫黄）对银耳进行熏制，用这种方法加工的洁白的银耳对人体是有害的。这些不法商贩加工银耳利用的是
    A. S 的漂白性          B. S 的还原性
    C. $SO_2$ 的漂白性          D. $SO_2$ 的还原性
    E. S 的氧化性

38. 下列关于浓硫酸的叙述正确的是
    A. 浓硫酸具有吸水性，因而能使蔗糖炭化
    B. 浓硫酸在常温下可迅速与铜片反应放出二氧化硫气体
    C. 浓硫酸是一种干燥剂，能够干燥氨气、氢气等气体
    D. 浓硫酸在常温下能够使铁、铝等金属钝化
    E. 浓硫酸可以与除金、铂之外的所有金属反应，生成高价金属硫酸盐，本身一般被还原成 S

39. 关于碱金属的性质，叙述不正确的是
    A. 都是银白色的柔软的金属
    B. 在空气中燃烧都生成过氧化物
    C. 都比水轻
    D. 熔点、沸点随原子序数增大而降低
    E. 碱金属具有密度小、熔点低，导电性强的特点

40. 2005 年诺贝尔生理学和医学奖授予巴里·马歇尔和罗宾·沃伦，以表彰他们发现了幽门螺杆菌以及该细菌对消化性溃疡病的致病机理。下列物质适合胃溃疡严重的病人使用的是
    A. 复方氢氧化铝片[主要成分是 $Al(OH)_3$]
    B. 苏打（主要成分是 $Na_2CO_3$）
    C. 小苏打（主要成分是 $NaHCO_3$）
    D. 碳酸钡粉末
    E. 氯化钠

二、填空题

1. 地震后可能产生次生灾害，饮水要先消毒，后饮用。随着科学的发展，人类发现并使用了一系列饮用水消毒方法，如煮沸、紫外线照射、通 $Cl_2$ 等等，消毒的主要作用是杀灭可引起霍乱、伤寒、痢疾等疾病的病菌。

目前我国饮用水消毒主要用氯——通氯气，加漂白粉或漂白精。氯气在实验室主要用二氧化锰和浓盐酸共热制得，其反应的化学反应方程式为＿＿＿＿＿＿＿＿＿＿＿，漂白粉或漂白精的有效成分均为次氯酸钙，其制取化学方程式是＿＿＿＿＿＿＿＿＿，漂白粉或漂白精长期放置于空气中会变质失效，其化学方程式是＿＿＿＿＿＿＿＿＿。

2. 过氧化钠可用在呼吸面具上和潜水艇里作为氧气的来源，因为它可以发生两个反应，化学方程式为：

(1) _____

(2) _____

3. 碱金属元素包括_____、钠 Na、钾 K、_____、_____、钫 Fr 六种元素,位于元素周期表的_____族。

4. 氧族元素包括氧 O、_____、_____、_____、_____五种元素,位于元素周期表的_____族。

5. 卤族元素包括_____、_____、_____、_____、_____五种元素,位于元素周期表的_____族。

### 三、简答题

1. 漂白粉长期暴露于空气中为什么会失效?

2. 氯水为何有漂白作用?干燥的氯气是否有漂白作用?

### 四、用化学方法鉴别下列各组物质

1. NaCl  NaBr  NaI

2. $Na_2S$  $Na_2SO_4$  $Na_2CO_3$

3. NaCl  KCl

（郭　忠）

# 第六章 化学反应速率与化学平衡

 学习目标

1. **掌握** 化学反应速率、化学平衡的概念。
2. **熟悉** 浓度、压强、温度对化学平衡移动的影响及平衡移动原理。
3. **了解** 浓度、温度和催化剂对化学反应速率的影响及可逆反应、化学平衡常数的概念。

在研究化学反应时，常涉及两个方面的问题，一是化学反应进行的快慢，属于化学反应速率问题；二是化学反应能否发生和进行的程度，属于化学平衡问题。两者既有区别又有联系。学习化学反应速率和化学平衡的知识，可以掌握化学反应的规律，促进有利反应和抑制不利反应的进行。同时，作为医学工作者，要认识体内的生理变化、生化反应及药物在体内的代谢都需要一定的化学反应速率和化学平衡知识。

## 第一节 化学反应速率

### 一、化学反应速率概念及表示方法

在日常生活和生产中，各种化学反应的快慢不同。有些反应进行得很快，如炸药爆炸、酸碱中和反应、照相底片的感光等瞬间就能完成；而有些反应进行得非常慢，如铁生锈、橡胶老化、大理石风化等，需要很长时间才能完成。就同一化学反应而言，在不同条件下，反应快慢也有所不同。如氢气和氧气在常温下很难化合生成水，但在加热达 600℃时，会发生爆炸化合生成水。

描述化学反应快慢的量，称为化学反应速率。化学反应速率是指在单位时间内反应物浓度的减少或生成物浓度的增大来表示的。其数学表达式为：$\bar{v} = \pm \dfrac{c_2 - c_1}{t_2 - t_1}$，其中：$c_1$ 和 $c_2$ 分别是 $t_1$ 和 $t_2$ 时的浓度。浓度单位常用 mol/L，时间单位可用秒（s）、分（min）或小时（h）等，因此化学反应速率的单位可选用 mol/（L.s）、mol/（L.min）、mol/（L.h）。

由于反应物浓度在不断减少，为使化学反应速率为正值，所以用反应物浓度的改变来表示化学反应速率时，公式前要加"–"号。

 **思考题**

在某条件下，有一合成氨的反应，在 $t_1$ 时刻测得 $N_2$、$H_2$ 和 $NH_3$ 的浓度分别为 5.0mol/L、10.0mol/L 和 3.0mol/L，经过 2 分钟后，在 $t_2$ 时刻测得的浓度分别为 4.0mol/L、7.0mol/L 和 5.0mol/L。问此反应在该条件下的化学反应速率是多少？

## 二、影响化学反应速率的因素

影响化学反应速率的因素有内因和外因。内因是决定因素，由物质的组成和内部结构所决定；外因是变化的条件，主要有浓度、压强、温度、催化剂。我们可通过改变这些外界条件来加速对人类生产生活有利的反应，减缓一些不利反应的发生。

### （一）浓度对化学反应速率的影响

反应物的浓度对化学反应速率有很大的影响。如木炭、单质硫在空气中燃烧比在纯氧中要慢得多，就是因为空气中氧气的浓度比纯氧中氧气的浓度小的缘故。

【案例 6-1】 观察不同浓度的硫代硫酸钠与硫酸反应时，溶液变浑浊的快慢。取两支试管，在第一支试管中加入 0.1mol/L $Na_2S_2O_3$ 溶液 2ml，在第二支试管中加入 0.1mol/L $Na_2S_2O_3$ 溶液 1ml 和蒸馏水 1ml。然后同时向这两支试管中分别加入 0.1mol/L $H_2SO_4$ 溶液 2ml，观察实验现象。

实验现象表明：第一支试管中先出现浑浊，第二支试管中后出现浑浊。说明反应物硫代硫酸钠浓度越大时，反应速率越大。

$$Na_2S_2O_3 + H_2SO_4 = Na_2SO_4 + S\downarrow + SO_2\uparrow + H_2O$$

实验证明：当其他条件不变时，增大反应物的浓度，会增大反应速率；减小反应物的浓度，会减小反应速率。

 **相关知识链接**

**一、有效碰撞理论**

化学反应发生的先决条件是反应物分子相互接触和碰撞，反应物分子之间的碰撞次数很多，但只有少数的碰撞能发生化学反应，我们把这种能够导致化学反应的碰撞叫有效碰撞。化学反应发生的原因是反应物的分子之间发生了有效碰撞，有效碰撞次数越多，反应速率越快。能够发生有效碰撞的分子叫活化分子。反应物分子中活化分子越多，产生的有效碰撞就越多，反应就越快。

**二、压强对化学反应速率的影响**

当温度一定时，一定量气体的体积与其所受的压强成正比。如果气体的压强增大到原来的 2 倍，气体的体积就缩小到原来的一半，则气体的浓度就增加为原来的 2 倍。如图 6-1。

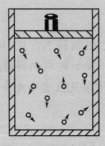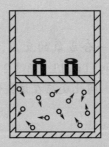

图 6-1　压强大小与一定量气体所占体积的示意图

　　增大压强，气体的体积缩小，即增大气体反应物的浓度；减小压强，即减小气体反应物的浓度。所以，当其他条件不变时，对于有气体参加的反应，增大压强，会增大反应速率；减小压强，会减小反应速率。

　　对于固体和液体物质来说，压强的改变对其体积的影响很小，所以，压强对固体和气体物质的反应速率几乎没有影响。

### （二）温度对化学反应速率的影响

　　【案例 6-2】 取两支试管，分别加入 0.1mol/L 的 $Na_2S_2O_3$ 溶液 2ml，放在盛有热水和冷水的两个烧杯中。稍候片刻，同时向这两支试管中分别加入 0.1mol/L 的 $H_2SO_4$ 溶液 2ml，观察实验现象。

　　实验现象表明：放在热水中的试管先出现浑浊；放在冷水中的试管后出现浑浊。即反应温度越高，化学反应速率越大。

　　温度对反应速率的影响，例如：氢气和氧气化合生成水，在 400℃时需要 80 天，在 500℃时需要 2 小时，将温度升高到 600℃时，则瞬间就能发生爆炸反应。大量实验证明：当其他条件不变时，升高温度，可以增大反应速率；降低温度，可以减小反应速率。对于一般反应，当其他条件不变时，温度每升高 10℃，反应速率可增大到原来的 2～4 倍，当温度降低时，反应速率则以相同的比例减小。

　　在生产实践中，可以通过控制温度来改变化学反应速率。例如：在化工生产和化学实验中，常采用加热的方法来加快化学反应速度；医药上，一些疫苗和酶类物质为防失效、变质而放到冰箱里或阴暗处，以减慢反应的进行。

### （三）催化剂对化学反应速率的影响

　　催化剂是一种能改变其他物质的化学反应速率，而本身的组成、性质和质量在反应前后都不发生变化的物质。凡能加快化学反应速率的叫正催化剂，能减慢化学反应速率的叫负催化剂或阻化剂。通常所说的催化剂一般是正催化剂，现代化学中约有 85% 的化学反应要借助催化剂进行。人体内的一切化学反应几乎都是在生物催化剂——酶的作用下进行。

　　催化剂能加快化学反应速率是因为改变了化学反应的历程，使更多的普通分子变为活化分子，增加了活化分子的百分数，增加了有效碰撞的次数，从而使化学反应速率加快。

　　除浓度、温度、压强和催化剂影响化学反应速率外，溶剂、光、紫外线、超声波、电磁波、激光、反应物颗粒的大小、扩散速率等因素在一定条件下也能影响化学反应的反应速率。

相关知识链接

### 酶——生物体内的催化剂

生物体内的各种酶,是生命过程的天然活体催化剂,对生物体的新陈代谢及消化吸收等过程起着非常重要的催化作用。

酶的种类很多,如淀粉酶、胃蛋白酶、胰蛋白酶等。酶的专一性极强,一种酶只能对一种(或一类)物质起催化作用,就像一把钥匙开一把锁一样。酶的另一个特点是催化活性极高,如胃液中的胃蛋白酶能促进蛋白质的分解,当体温在37℃时,蛋白质能很快分解为氨基酸,而在体外和没有胃蛋白酶催化的情况下,蛋白质必须在强酸中加热到100℃大约24小时才能完全分解。

大多数酶都是蛋白质,一些因素如高温、紫外线、乙醇、重金属、强酸、强碱等都能使蛋白质发生变性,使酶失去活性。因此,酶的催化反应一般要求比较温和的条件。

# 第二节 化学平衡

化学反应速率讨论的是化学反应进行的快慢问题,而化学平衡将要讨论的是化学反应进行的程度问题。有些反应进行之后,反应物几乎完全转变成生成物,但大多数反应只能进行到一定程度,而不能进行到底,即达到化学反应的最大限度——化学平衡状态。

## 一、可逆反应

在一定条件下,有些化学反应能进行到底,即反应物全部转变为生成物,而相反方向的反应则不能进行。这种只能向一个方向进行的反应称为不可逆反应或单向反应。其化学反应方程式中用"═══"或"───→"来表示反应的不可逆性。如:

$$NaOH + HCl \mathop{=\!=\!=\!=} NaCl + H_2O$$

实际上不可逆反应很少,绝大多数化学反应是不能进行到底的,即同一条件下反应物能转变成生成物,生成物也能转化成反应物,两个相反方向的反应同时进行。如工业上合成氨的反应,是用氢气和氮气做原料,在高温高压下化合生成氨,而在同一条件下生成的氨又有一部分重新分解为氢气和氮气。

这种在同一条件下,既能向一个方向又能向相反方向进行的反应,称为可逆反应。为了表示反应的可逆性,化学方程式中常用两个带相反箭头的符号(也叫可逆符号)"⇌"代替"───"。如上述反应可表示为

$$N_2 + 3H_2 \rightleftharpoons 2NH_3$$

在可逆反应中,通常把从左到右进行的反应称为正反应;从右向左进行的反应称为逆反应。可逆反应的特点是:在密闭容器中反应不能进行到底,无论反应进行多久,反应物和生成物总是同时存在。

## 二、化学平衡

### (一)化学平衡概念

在合成氨的反应中,反应刚开始,密闭容器中只有 $H_2$ 和 $N_2$,而且浓度最大,正反应速率

也最大，而 $NH_3$ 的浓度为零，逆反应速率为零。随着反应的进行，$N_2$ 和 $H_2$ 不断消耗，浓度逐渐减小，正反应速率也相应地逐渐减小；同时由于 $NH_3$ 的生成，$NH_3$ 的浓度逐渐增大，逆反应速率也逐渐增大。当反应进行到一定程度时，$N_2$ 和 $H_2$ 合成 $NH_3$ 的速率等于 $NH_3$ 的分解速率，即正反应速率等于逆反应速率（图 6-2）。

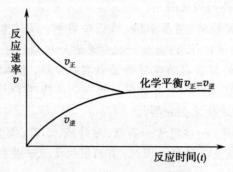

图 6-2 可逆反应与化学平衡

此时，单位时间内 $H_2$ 和 $N_2$ 减少的分子数，恰好等于 $NH_3$ 分解生成 $H_2$ 和 $N_2$ 的分子数。只要条件不变，$N_2$、$H_2$ 和 $NH_3$ 的浓度都保持不变。

如上所述，在一定条件下，可逆反应的正反应速率等于逆反应速率，反应物和生成物的浓度不再随时间而改变的状态，称为化学平衡。

化学平衡的主要特征可以用"等"、"定"、"动"来描述：

1. 在平衡状态下，可逆反应仍在进行，但正向、逆向反应速率相等，即"等"。

2. 反应物和生成物浓度各自保持恒定，不再随时间而改变，即"定"。

3. 化学平衡是一种动态平衡，即"动"。

### （二）化学平衡常数

在一定条件下，当可逆反应达到平衡时，反应物和生成物的浓度都保持不变，此时的浓度称为平衡浓度。大量实验证明，在一定温度下，平衡体系中各物质平衡浓度并不相等，而是存在一定的关系。对于溶液中进行的可逆反应：

$$aA + bB \rightleftharpoons dD + eE$$

在一定温度下达到化学平衡时，平衡体系中各物质浓度间存在下列定量关系：

$$K_c = \frac{[D]^d [E]^e}{[A]^a [B]^b}$$

$[A]$、$[B]$、$[D]$、$[E]$：表示 A、B、D、E 在平衡时的浓度，单位为 mol/L；上述关系式称为化学平衡常数表达式，$K_c$ 为常数，称为化学平衡常数，简称平衡常数。它表示在一定温度下，某一个可逆反应在达到平衡时，生成物浓度幂的乘积与反应物浓度幂的乘积之比值是一个常数

平衡常数的大小表示在平衡体系中各平衡混合物相对浓度的大小。$K_c$ 值越大，平衡混合物中生成物的相对浓度就越大。

平衡常数的意义：

1. 平衡常数只与参加化学反应物质的性质和温度有关，而与浓度（初始浓度或分压）无关。对于一定的可逆反应，只要温度一定，平衡常数就是定值。

2. 平衡常数数值的大小是可逆反应进行程度的标志。

3. 平衡常数表达式中不包含固态物质和纯液体物质。

### （三）化学平衡的移动

化学平衡是在一定条件下的动态平衡，一旦外界条件（浓度、压强、温度）发生改变，就会对可逆反应的正、逆反应速率产生不同程度的影响，旧的化学平衡被破坏，反应体系中反应物和生成物的浓度发生变化，经过一段时间的反应后，又可以建立新的化学平衡。在新的平衡条件下，各反应物和生成物的浓度已不再是原来平衡时的浓度。

像这种因反应条件的改变，使可逆反应从旧的平衡状态向新的平衡状态转变的过程，叫做化学平衡的移动。

在新的平衡状态下，如果生成物的浓度比原来平衡时的浓度增大了，就称平衡向正反应的方向移动（即向右移动）；如果反应物的浓度比原来平衡时的浓度增大了，就称平衡向逆反应方向移动（即向左移动）。

## 三、其他影响因素

影响化学平衡移动的主要因素有浓度、压强、温度等。

### （一）浓度对化学平衡的影响

可逆反应达到平衡后，在其他条件不变的情况下，如果改变任何一种反应物或生成物的浓度，都会改变正、逆反应速率，使化学平衡发生移动。

【案例6-3】 在一只烧杯中，加入 0.3mol/LFeCl$_3$ 溶液和 1mol/LKSCN 溶液各 5 滴，再加 20ml 水稀释并摇匀。将此溶液分装于 4 支试管中，在第 1 支试管中加入 0.3mol/LFeCl$_3$ 溶液 3 滴，在第 2 支试管中加入 1mol/LKSCN 溶液 3 滴，在第 3 支试管加少许的 KCl 晶体，第 4 支试管作为对照，观察 4 支试管的颜色并进行比较。

通过上述实验，FeCl$_3$ 与 KSCN 反应产生血红色的 K$_3$[Fe(SCN)$_6$]，反应方程式如下：

$$FeCl_3 + 6KSCN \rightleftharpoons K_3[Fe(SCN)_6] + 3KCl$$

血红色

实验结构表明：加入 FeCl$_3$ 或 KSCN 后，试管中溶液的红色变深，即生成物 K$_3$[Fe(SCN)$_6$] 的浓度增大；这就说明，增大反应物的浓度，将使正反应的速率大于逆反应速率，平衡向正反应方向即向右移动了，结果使生成物的浓度增大。

加入 KCl 晶体后，试管中溶液颜色变浅。说明增大生成物的浓度，化学平衡向逆反应方向即向左移动了，此时血红色 K$_3$[Fe(SCN)$_6$] 的浓度比原来减少了，所以颜色变浅。

总之，在其他条件不变时，增大反应物的浓度或减小生成物的浓度，平衡向正反应方向移动（即向右移动）；增大生成物的浓度或减小反应物的浓度，平衡向逆反应方向移动（即向左移动）。

在化工生产中常采用增大反应物浓度或减小生成物浓度的方法，来提高原料的转化率和生成效率。

临床上抢救危重患者时通常给患者输氧，以缓解症状，争取时间，达到治疗的目的。

人体血液中的血红蛋白（Hb）有输送氧的功能，它在肺部与氧结合成氧合血红蛋白（HbO$_2$），氧合血红蛋白随血液流经全身各组织，将氧气放出，供全身组织利用。

$$Hb + O_2 \underset{组织}{\overset{肺部}{\rightleftharpoons}} HbO_2$$

这是一个化学平衡，当输氧时肺部氧气浓度增大，该平衡则因反应物氧气浓度的增大而向正反应方向移动，使氧合血红蛋白的量增多，促使其在组织中放出更多的氧气，满足危重患者对氧的需要，以此来缓解其症状。

## （二）压强对化学平衡的影响

对于有气体物质参加的化学平衡，如果反应前后气体物质的分子数（或气体体积）不相等，改变平衡体系的压强，则化学平衡就会移动。

例如：二氧化氮和四氧化二氮在一定条件下可达到化学平衡。

$$2NO_2（气）\rightleftharpoons N_2O_4（气体）$$

红色 　　　　　　无色

由化学方程式可以看出，反应前后气体分子数（或气体体积）不相等。正反应是气体分子数减少或体积缩小的反应，逆反应是气体分子数增多或体积增大的反应。

【案例6-4】用注射器吸入少量的 $NO_2$ 和 $N_2O_4$ 混合气体，然后将注射针头插入橡皮塞中，如图6-3所示。

将注射器活塞往外拉，混合气体的颜色先变浅又逐渐变深。颜色先变浅是由于针筒内体积增大，$NO_2$ 浓度减少的缘故，而颜色又逐渐变深，是由于压强减少，生成更多 $NO_2$ 的结果，表明化学平衡向着气体分子数增多或气体体积增大的方向移动。

图6-3　压强对化学平衡的影响

将注射器活塞向里推时，混合气体的颜色先变深又逐渐变浅。颜色先变深是由于针筒内体积减小，$NO_2$ 浓度增大的缘故，而颜色又逐渐变浅，是由于压强增大，生成更多 $N_2O_4$ 的结果，表明化学平衡向着气体分子数减小或气体体积缩小的方向移动。

大量实践证明：在其他条件不变的情况下，增大压强，化学平衡向着气体分子数减少即气体体积缩小的方向移动；减少压强，化学平衡向着气体分子数增多即气体体积增大的方向移动。

有些可逆反应，虽然有气体物质参加，可是反应前后气体物质总分子数或总体积相等，改变压强，不会使化学平衡移动。例如：

$$CO + H_2O（气）\rightleftharpoons CO_2 + H_2$$

对于有固态或液态物质参加的可逆反应，由于改变压强对固态或液态物质体积的影响很小，所以改变压强，可以忽略不计固态或液态物质的体积。例如：

$$C（固）+ CO_2 \rightleftharpoons 2CO$$

在研究压强对此平衡移动的影响时，只需考虑气体 $CO_2$ 和 CO 的体积，而不需考虑固态 C 的体积。对于这个平衡在其条件不变的情况下，当增大此平衡的压强时，化学平衡向着气体体积缩小即生成 $CO_2$ 逆反应方向移动；当减小此平衡的压强时，化学平衡向着气体体积增大即生成 CO 正反应方向移动。

## （三）温度对化学平衡的影响

化学反应的发生常常伴随着放热或吸热现象发生。对于可逆反应，如果正反应是放热反应，逆反应就一定是吸热反应，而且，放出的热量和吸收的热量相等。热量常用符号"Q"表示，对于一个给定的化学方程式，放出热量用"+"号表示，吸收热量用"−"号表示。例如：

$$2NO_2（气）\rightleftharpoons N_2O_4（气）+ Q$$

红棕色 　　　　　　无色

［案例6-5］将 $NO_2$ 和 $N_2O_4$ 的混合气体分盛在3个烧瓶里，其中2个烧瓶用一根橡皮管连通，然后用夹子夹住橡皮管，将一个烧瓶放进热水里，另一个烧瓶放进冰水里，如图6-4。

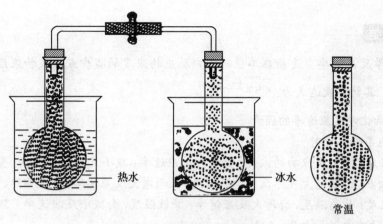

热水　　　　冰水

常温

图 6-4　温度对化学平衡的影响

　　分别观察上述 2 个烧瓶里气体颜色的变化，并与常温下放置在另一个烧瓶里的气体颜色进行比较。实验结果表明，放入热水中的烧瓶里气体颜色变深，这是由于 $NO_2$ 气体浓度增大的结果，说明平衡向逆反应方向（吸热方向）移动。放入冰水的烧瓶里气体颜色变浅，这是由于 $NO_2$ 浓度减少的结果，说明平衡向正反应方向（放热方向）移动。

　　当可逆反应达到平衡后，升高温度，正反应速率和逆反应速率虽然都加快，但是加快的倍数不同，吸热反应速率增大的倍数要大于放热反应增大的倍数，此时吸热反应速率大于放热反应速率。因此，平衡向吸热反应方向移动。当降低温度时，吸热反应速率比放热反应速率减少的倍数要大，此时放热反应速率大于吸热反应速率。因此平衡向放热反应方向移动。

　　总之，在其他条件不变的情况下，升高温度，化学平衡向吸热反应方向移动；降低温度，化学平衡向放热反应方向移动。

　　浓度、压强、温度对化学平衡的影响被化学家勒夏特列（Le Chatelier）概括为一个普遍规律：如果改变影响化学平衡的任一条件如浓度、压强或温度，平衡就向着减弱或消除这个改变的方向移动。这个规律称为勒夏特列原理，又称平衡移动原理。

　　对于一个可逆反应来说，催化剂不仅能增大正反应的速率，而且能同等程度地增大逆反应速率，所以它不影响平衡的移动，但是加入催化剂，可以缩短反应达到平衡的时间。

　　平衡移动原理可以用来判断平衡移动的方向，适用于所有动态平衡（如离解平衡、沉淀溶解平衡、配位平衡等），但它只能用于已经达到平衡的体系，而不适于尚未达到平衡的体系。所有动态平衡均可用化学平衡的有关原理和方法来处理和计算。

 相关知识连接

### 勒夏特列简介

　　勒夏特列生于法国巴黎一位矿业监管的家庭，1869 年进入巴黎工业大学学习，1872 年毕业后成为一名矿业工程师，1887 年任法兰西学院化学教授，1907 年任法国矿物总监，并当选为法国科学院院士，1908 年任巴黎大学教授，第一次世界大战期间曾任法国部长。

　　勒夏特列的主要贡献：1887 年发明了铂铑热电偶高温温度计，1888 年提出了"平衡移动原理"，1895 年提出用氧炔焰焊矩来焊接和切割金属。

　　勒夏特列把自己的一生都献给了科学，谢世前几小时还撑着病体修改论文。他 1936 年 9 月 17 日逝世，享年 85 岁。

**本章小结**

1. 化学反应速率　是指在单位时间内反应物浓度的减少或生成物浓度的增大来表示的量。其数学表达式为：$\bar{v} = \pm \dfrac{c_2 - c_1}{t_2 - t_1}$。

2. 影响化学反应速率的因素

当其他条件不变时

(1) 浓度：增大反应物的浓度，会增大反应速率；减小反应物的浓度，会减小反应速率。增大压强，会增大气体反应物的浓度，从而增大反应速率；反之亦然。

(2) 温度：升高温度，会增大反应速率；降低温度，会减小反应速率。温度每升高 10℃，反应速率大约增大 2～4 倍。

(3) 催化剂：加入少量催化剂，能极大地改变反应速率。

3. 化学平衡　在一定条件下，可逆反应的正反应速率等于逆反应速率，反应物和生成物的浓度不再随时间而改变的状态，称为化学平衡。对于溶液中的可逆反应，化学平衡常数表达式为：

$$aA + bB \rightleftharpoons dD + eE$$

$$K_c = \frac{[D]^d [E]^e}{[A]^a [B]^b}$$

4. 影响化学平衡移动的因素　在其他条件不变时

(1) 浓度：增大反应物的浓度或减小生成物的浓度，平衡向正反应方向移动（即向右移动）；增大生成物的浓度或减小反应物的浓度，平衡向逆反应方向移动（即向左移动）。

(2) 压强：增大压强，化学平衡向着气体分子数减少即气体体积缩小的方向移动；减少压强，化学平衡向着气体分子数增多即气体体积增大的方向移动。

(3) 温度：升高温度，化学平衡向吸热反应方向移动；降低温度，化学平衡向放热反应方向移动。

5. 平衡移动原理　如果改变影响化学平衡的任一条件如浓度、压强或温度，平衡就向着减弱或消除这个改变的方向移动。

**目标测试**

**一、名词解释**

1. 化学反应速率　　2. 可逆反应　　3. 化学平衡　　4. 化学平衡移动

**二、填空题**

1. 影响化学反应速率的外界因素主要有_____、_____、_____和_____。

2. 已知可逆反应 $CO_2$（气）+C（固）$\rightleftharpoons$ 2CO（气），当反应达平衡后，增大_____浓度可使平衡向正方向移动；如果升高温度可使平衡向正方向移动，那么生成 CO 的方向是_____（吸或放热）反应。

3. 影响化学平衡的因素主要有_____、_____和_____。

**三、单项选择题**

1. 影响化学反应速率的因素有

A. 浓度      B. 温度      C. 催化剂

D. 压强      E. 以上都是

2. 决定化学反应速率的主要因素是

A. 物质的浓度      B. 物质的温度      C. 物质的组成和内部结构

D. 催化剂      E. 以上都不是

3. 对某一可逆反应来说,使用催化剂的作用是

A. 增大正反应速率,减小逆反应速率

B. 增大逆反应速率,减小正反应速率

C. 改变平衡混合物的组成

D. 能使平衡向逆反应方向移动

E. 改变化学反应速率,缩短或延长反应达到平衡所需的时间

4. 表示化学反应速率用

A. 单位时间内反应物质量的减少或生成物质量的增加

B. 单位时间内反应物体积的减少或生成物体积的增加

C. 单位时间内反应物重量的减少或生成物重量的增加

D. 单位时间内反应物浓度的减少或生成物浓度的增加

E. 单位时间内反应物密度的减少或生成物密度的增加

5. 反应 $CO + H_2O \rightleftharpoons CO_2 + H_2 + Q$ 达到平衡状态时,欲使平衡向右移动,可采取的措施是

A. 升高温度      B. 减小 $CO_2$ 的浓度

C. 加入催化剂      D. 减少 $CO$ 的浓度

E. 增加氢气的浓度

6. 关于化学平衡的叙述,正确的是

A. 增大反应物的浓度,平衡向生成物浓度增大的方向移动

B. 加热能使吸热反应速率加快,放热反应速率减慢

C. 增大反应物的浓度,平衡向生成物浓度减小的方向移动

D. 凡能影响反应速率的因素,都能使化学平衡移动

E. 增大压强可以使平衡向体积增大的方向移动

7. 下列说法正确的是

A. 可逆反应达到平衡后,各反应物和生成物的浓度相等

B. 升高温度不仅能增大反应速率,而且能使平衡向正反应方向移动

C. 在平衡体系中加入催化剂,能使平衡向正反应方向移动

D. 减少反应物的浓度,平衡向生成物浓度减少方向移动

E. 增大反应物的浓度,平衡向生成物浓度减少方向移动

8. 升高温度使化学反应速率增大的原因是

A. 增加单位体积内反应物活化分子数

B. 降低反应物活化分子百分数

C. 增加单位体积内反应物分子数

D. 减少反应物分子的碰撞机会

E. 减少单位体积内反应物分子数

9. 下列关于平衡常数说法错误的是
    A. 平衡常数的大小表示在平衡体系中各平衡混合物相对浓度的大小
    B. 平衡常数 $K$ 值越大,平衡混合物中生成物的相对浓度就越大
    C. 同一个可逆反应中,平衡常数 $K$ 与浓度的变化无关
    D. 同一个可逆反应中,平衡常数 $K$ 与温度的变化无关
    E. 同一个可逆反应中,平衡常数 $K$ 与压强的变化无关

10. 把某些药物放在冰箱中储存以防变质,其主要作用是
    A. 避免与空气接触　　　　B. 保持干燥　　　　C. 避免光照
    D. 防止潮解　　　　E. 降温减小变质的反应速率

11. 使化学反应速率加快的因素是
    A. 增大生成物的浓度　　　B. 移去生成物　　　　C. 升高温度
    D. 增大压强　　　　E. 减小压强

12. 在其他条件不变时,下列说法正确的是
    A. 增加反应物的浓度可以使化学平衡向逆反应方向移动
    B. 使用催化剂可以改变化学反应速率,但不能改变化学平衡状态
    C. 增大压强会破坏有气体存在的反应的平衡状态
    D. 升高温度可以使化学平衡向放热的方向移动
    E. 使用催化剂可以使化学平衡向正反应方向移动

## 四、简答题

1. 可逆反应平衡时:$2SO_2+O_2 \rightleftharpoons 2SO_3+Q$ 如果(1)增加压强;(2)增加 $O_2$ 的浓度;(3)减少 $SO_3$ 的浓度;(4)升高温度;(5)加入催化剂,平衡是否会破坏? 向什么方向移动?

2. 当人体吸入 CO 时,就会中毒。这是由于 CO 与血液里血红蛋白结合,使血红蛋白不能与 $O_2$ 很好的结合,人因缺少 $O_2$ 而窒息,甚至死亡,并破坏了人体中下列平衡:

$$CO + HbO_2 \rightleftharpoons O_2 + HbCO$$

运用化学平衡移动原理,简述抢救 CO 中毒患者时应采取哪些措施?

(舒　雷)

# 第七章　电解质溶液

 **学习目标**

1. 掌握　强电解质与弱电解质的概念；溶液的酸碱性与 pH 的关系；盐的组成与盐溶液酸碱性的判断。
2. 熟悉　弱电解质的离解平衡；水的离解与溶液酸碱性；缓冲溶液和缓冲作用原理。
3. 了解　同离子效应和缓冲溶液的组成；盐类水解及缓冲溶液在医学上的意义。

　　溶液是由溶质和溶剂组成的,溶质可以是非电解质也可以是电解质。成人的体液总量占体重的 60%,是由水及溶解于水中的无机盐和有机物组成。体液中的无机盐、某些小分子有机物和蛋白质等常以离子状态存在,其中主要阳离子为 $K^+$、$Na^+$、$Ca^{2+}$、$Mg^{2+}$,主要阴离子为 $Cl^-$、$HCO_3^-$、$HPO_4^{2-}$ 等,这些电解质离子在体液中需保持一定的浓度以维持正常的生理活动。外界环境的剧烈变化和某些疾病等,常可导致水、电解质平衡失调,影响全身各系统器官的功能,如不及时纠正,可引起严重后果,甚至危及生命。因此,掌握各类电解质的知识是学好医学检验专业课程所必需的。

## 第一节　弱电解质的离解平衡

 **案例**

　　把等体积浓度都为 1mol/L 的盐酸、醋酸、氢氧化钠、氨水、氯化钠溶液、酒精溶液分别进行导电性试验,观察现象。

　　提问:1.能使灯泡发光的溶液是哪几种? 明亮程度是否一致?

　　　　　2.为什么有的物质的水溶液能够导电?

　　　　　3.能导电的物质导电能力为什么存在差异?

### 一、强电解质和弱电解质

　　在水溶液里或熔化状态下能导电的化合物叫做电解质,其水溶液称为电解质溶液。酸、碱、盐是电解质,如盐酸、醋酸、氢氧化钠、氨水、氯化钠等。在水溶液或熔化状态下不能导电的化合物叫做非电解质,如酒精、葡萄糖等是非电解质。

　　电解质溶液之所以能导电是因为电解质在水分子的作用下,自动离解成能够自由移动的阳离子和阴离子,这个过程叫做离解。水分子是极性分子,氢原子一端带部分正电荷,氧原子一端带部分负电荷。氯化钠(NaCl)晶体中的钠离子和氯离子以离子键结合,将氯化钠溶于水时,水分子就会对阴阳离子产生吸引和撞击,从而使阴阳离子离开晶体表面,离解成自由移动的钠离子($Na^+$)和氯离子($Cl^-$),进一步和水分子结合成水合离子,如图7-1。

氯化钠在水中的离解方程式为:

$$NaCl = Na^+ + Cl^-$$

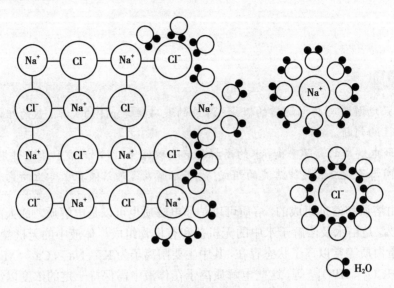

图7-1 氯化钠晶体的离解过程

又如盐酸(HCl),是氯化氢的水溶液。氯化氢分子中的氢原子和氯原子是以极性共价键结合,氢原子一端带部分正电荷,氯原子一端带部分负电荷。盐酸溶液中,氯化氢分子的正、负极在水分子负、正极的吸引和水分子的撞击下共价键发生断裂成氢离子和氯离子,进一步形成水合离子,如图7-2

氯化氢的离解方程式为:

$$HCl = H^+ + Cl^-$$

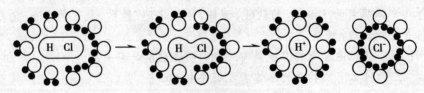

图7-2 氯化氢的离解过程

在电解质溶液中插入电极并接通电源,溶液中自由移动的阴阳离子就分别向电性相反的电极移动,从而形成电流,这就是电解质溶液导电的原因。溶液导电性的强弱与单位体积溶液中自由移动的离子数目有关,即与溶液中离子的浓度有关。在相同条件下,离子浓度越大的溶液导电性越强。实验证明,相同浓度的不同电解质溶液导电能力存在差异,这说明电解质在溶液里离解程度是不同的。根据电解质在溶液中离解能力的大小,将电解质相对地分为强电解质和弱电解质。

### (一)强电解质

在水溶液中能全部离解成阴、阳离子的电解质称为强电解质。强酸(如盐酸 HCl、硝酸 $HNO_3$、硫酸 $H_2SO_4$)、强碱(如氢氧化钠 NaOH、氢氧化钾 KOH)、大多数的盐(如氯化钠 NaCl、氯化钾 KCl、碳酸氢钠 $NaHCO_3$、醋酸钠 $CH_3COONa$)等都是强电解质。强电解质在水溶液中全部以离子形式存在,其离解是不可逆的,离解方程式通常用"===="来表示强电解质离解的不可逆性、单向性。例如:

$$HCl ==== H^+ + Cl^-$$

$$NaOH ==== Na^+ + OH^-$$

$$KCl ==== K^+ + Cl^-$$

### (二)弱电解质

在水溶液中只能部分离解成离子的电解质称弱电解质,弱酸(如醋酸 $CH_3COOH$、碳酸 $H_2CO_3$)、弱碱(如氨水 $NH_3·H_2O$)等都是弱电解质。在弱电解质的水溶液中,弱电解质分子离解成离子的同时,离子又相互结合成分子,其离解过程是可逆的,并将达到动态平衡。

离解方程式中用"⇌"表示弱电解质离解的可逆性和双向性。例如:

$$CH_3COOH ⇌ H^+ + CH_3COO^-$$

$$NH_3·H_2O ⇌ NH_4^+ + OH^-$$

在弱电解质的水溶液中只有小部分分子离解成离子,所以弱电解质的溶液中含有少量的离子和大量的弱电解质分子。

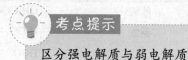

考点提示

**区分强电解质与弱电解质**

## 二、弱电解质的离解平衡

### (一)离解平衡

弱电解质的离解是一个可逆的过程,符合化学平衡的一般规律。例如:醋酸的离解。

$$CH_3COOH ⇌ H^+ + CH_3COO^-$$

开始时,醋酸分子的浓度最大,因此,醋酸分子离解成为氢离子和醋酸根离子的速率也最大;随着溶液中离子浓度不断增大,分子浓度不断减小,醋酸的离解速率逐渐减小,氢离子和醋酸根离子结合成醋酸分子的速率逐渐增大,最终达到离解速率和结合速率相等的状态,此时,溶液中醋酸分子、氢离子、醋酸根离子的浓度不再随时间而改变,体系处于平衡状态。

在一定条件下,当弱电解质分子离解成离子的速率和离子重新结合成弱电解质分子的速率相等时的状态,称为弱电解质的离解平衡,简称离解平衡。

### (二)离解常数

一定温度下,当弱电解质达到离解平衡状态时,未离解的弱电解质分子浓度和已离解出来的各离子浓度不再改变。此时,已离解的各种离子浓度幂的乘积与未离解的分子浓度的比值是一常数,称为离解常数(用 $K_i$ 表示)。例如:

$$CH_3COOH ⇌ H^+ + CH_3COO^-$$

$$K_i = \frac{[H^+][CH_3COO^-]}{[CH_3COOH]}$$

$K_i$ 反映了弱电解质在水中离解为离子的程度大小,$K_i$ 越大,则离解程度越大,该弱电解质越易发生离解;$K_i$ 越小,则离解程度越小,该弱电解质越难发生离解。一般弱酸的离解常

数用 $K_a$ 表示，弱碱的离解常数用 $K_b$ 表示。

在水溶液中能离解出两个或两个以上 $H^+$ 的酸称为多元酸。多元弱酸的离解是分步进行的，每一步离解对应一个离解常数。

如碳酸的离解：

第一步离解： $\quad H_2CO_3 \rightleftharpoons H^+ + HCO_3^- \qquad K_{a_1} = 4.3 \times 10^{-7}$

第二步离解： $\quad HCO_3^- \rightleftharpoons H^+ + CO_3^{2-} \qquad K_{a_2} = 5.6 \times 10^{-11}$

多元弱酸的离解以第一步离解程度最大，第二步离解程度减小，并依次递减。如磷酸在水中离解要分三步：

第一步离解： $\quad H_3PO_4 \rightleftharpoons H^+ + H_2PO_4^- \qquad K_{a_1} = 7.52 \times 10^{-3}$

第二步离解： $\quad H_2PO_4^- \rightleftharpoons H^+ + HPO_4^{2-} \qquad K_{a_2} = 6.23 \times 10^{-8}$

第三步离解： $\quad HPO_4^{2-} \rightleftharpoons H^+ + PO_4^{3-} \qquad K_{a_3} = 2.2 \times 10^{-13}$

可见，多元弱酸的离解常数逐级减小，即 $K_{a_1} \gg K_{a_2} \gg K_{a_3}$，所以多元弱酸溶液的氢离子主要来自第一步的离解，我们可以用第一步的离解常数来比较多元弱酸离解程度的相对大小。几种弱电解质的离解常数见表 7-1

表 7-1　几种常见弱电解质的离解常数（25℃，0.1mol/L）

| 电解质 | 离解方程式 | 离解常数 |
|---|---|---|
| 醋酸 | $CH_3COOH \rightleftharpoons H^+ + CH_3COO^-$ | $K_a = 1.76 \times 10^{-5}$ |
| 碳酸 | $H_2CO_3 \rightleftharpoons H^+ + HCO_3^-$ | $K_{a_1} = 4.3 \times 10^{-7}$ |
|  | $HCO_3^- \rightleftharpoons H^+ + CO_3^{2-}$ | $K_{a_2} = 5.6 \times 10^{-11}$ |
| 磷酸 | $H_3PO_4 \rightleftharpoons H^+ + H_2PO_4^-$ | $K_{a_1} = 7.52 \times 10^{-3}$ |
|  | $H_2PO_4^- \rightleftharpoons H^+ + HPO_4^{2-}$ | $K_{a_2} = 6.23 \times 10^{-8}$ |
|  | $HPO_4^{2-} \rightleftharpoons H^+ + PO_4^{3-}$ | $K_{a_3} = 2.2 \times 10^{-13}$ |
| 氢硫酸 | $H_2S \rightleftharpoons H^+ + HS^-$ | $K_{a_1} = 9.1 \times 10^{-8}$（18℃） |
|  | $HS^- \rightleftharpoons H^+ + S^{2-}$ | $K_{a_2} = 1.1 \times 10^{-12}$ |
| 草酸 | $H_2C_2O_4 \rightleftharpoons H^+ + HC_2O_4^-$ | $K_{a_1} = 5.9 \times 10^{-2}$ |
|  | $HC_2O_4^- \rightleftharpoons H^+ + C_2O_4^{2-}$ | $K_{a_2} = 6.4 \times 10^{-5}$ |
| 氨水 | $NH_3 \cdot H_2O \rightleftharpoons NH_4^+ + OH^-$ | $K_b = 1.76 \times 10^{-5}$ |

### （三）离解度

弱电解质离解程度的大小除了用离解常数表示外，也可用离解度来表示。离解度是指弱电解质在溶液里达到离解平衡时，已离解的电解质分子数占离解前溶液中电解质分子总数的百分数。离解度通常用 $\alpha$ 表示：

$$\alpha = \frac{\text{已电离的电解质分子数}}{\text{电离前电解质分子总数}} \times 100\%$$

例如：25℃时，在 0.10mol/L 的醋酸溶液中，每 10000 个醋酸分子中有 132 个分子离解。醋酸的离解度是：

$$\alpha = \frac{132}{10\,000} \times 100\% = 1.32\%$$

不同的弱电解质，其离解度不同。电解质越弱，离解度越小。因此我们也可以用离解度的大小来比较弱电解质的相对强弱。

几种常见酸碱盐的离解度见表7-2。

表7-2 几种 0.10mol/L 酸、碱、盐的离解度（18℃）

| 电解质 | 分子式 | 离解度 $\alpha(\%)$ | 电解质 | 分子式 | 离解度 $\alpha(\%)$ |
|---|---|---|---|---|---|
| 酸：盐酸 | HCl | 92 | 碱：氢氧化钠 | NaOH | 91 |
| 硝酸 | $HNO_3$ | 92 | 氢氧化钾 | KOH | 91 |
| 硫酸 | $H_2SO_4$ | 61 | 氨水 | $NH_3 \cdot H_2O$ | 1.3 |
| 磷酸 | $H_3PO_4$ | 27 | 盐：氯化钠 | NaCl | 84 |
| 碳酸 | $H_2CO_3$ | 0.17 | 醋酸钠 | $CH_3COONa$ | 79 |
| 醋酸 | $CH_3COOH$ | 1.34 | 硝酸银 | $AgNO_3$ | 81 |

弱电解质离解度的大小，主要取决于电解质的本性，同时也与溶液的浓度、温度等条件有关。因此，讨论弱电解质的离解度时必须指明溶液的浓度及温度。

强电解质在溶液中完全离解，从理论上讲，离解度应该是 100%，但实验测得强电解质在溶液中的离解度都小于 100%。这是因为离解度是通过实验测定出来的，在测定电解质溶液的导电能力时，由于强电解质完全离解，在溶液中离子浓度很大，不同离子由于静电作用相互吸引，使离子不能完全自由运动，因此从溶液的表观性质来看，测出强电解质溶液所含离子数小于完全离解的 100%，所以称表观离解度。表观离解度仅仅反映强电解质溶液中离子间相互牵制作用的强弱程度，因此，描述强电解质离解程度大小不用离解度而是用其他概念来表示。

### （四）离解平衡的移动

离解平衡是化学平衡的一种，遵循化学平衡移动原理。例如，醋酸溶液中存在以下平衡：

$$CH_3COOH \rightleftharpoons H^+ + CH_3COO^-$$

如在醋酸溶液中滴入盐酸，盐酸离解产生氢离子，使溶液中氢离子浓度增大，离解平衡将向左移动，使溶液中醋酸根离子浓度减小，醋酸分子溶液增大，直到建立起新的平衡。同理，在醋酸溶液中滴入氢氧化钠溶液，氢氧化钠离解出氢氧根离子与溶液中的氢离子结合生成难离解的物质水，使溶液中氢离子浓度减小，醋酸的离解平衡向右移动。

## 三、同离子效应

在 $NH_3 \cdot H_2O$ 的水溶液中存在以下平衡：

$$NH_3 \cdot H_2O \rightleftharpoons NH_4^+ + OH^-$$

滴加酚酞，溶液显红色，说明溶液显碱性；在此溶液中加入少量的 $NH_4Cl$ 晶体，红色变淡，说明溶液的碱性减弱，即 $OH^-$ 浓度减小。这是由于 $NH_4Cl$ 是强电解质，在水中溶解后完全离解，使溶液中 $NH_4^+$ 浓度增大，从而使 $NH_3 \cdot H_2O$ 的离解平衡向逆反应方向移动，降低了 $NH_3 \cdot H_2O$ 的离解度，溶液中的 $OH^-$ 浓度减小，即

$$NH_3 \cdot H_2O \rightleftharpoons OH^- + NH_4^+$$
$$NH_4Cl \rightleftharpoons Cl^- + NH_4^+$$

同理,在 $NH_3\cdot H_2O$ 中加入 NaOH,离解平衡也会向逆反应方向移动,离解度降低。

在弱电解质溶液中,加入与弱电解质具有相同离子的强电解质时,弱电解质的离解度降低的现象称为同离子效应。同离子效应实际上是一种离解平衡的移动。

考点提示

判断同离子效应的产生

同离子效应在分析化学中可用来控制溶液中某种离子的浓度,也可用于缓冲溶液的配制。

# 第二节 溶液的酸碱性

## 一、水的离解

水是良好的溶剂,能溶解许多物质。一般认为,纯水是不导电的,但用精密仪器测量发现,水也有很微弱的导电性,这说明水是极弱的电解质。水溶液的酸碱性取决于溶质和水的离解平衡,因此,必须了解水的离解情况。

### (一)水的离解平衡

水是极弱的电解质,只能离解出极少量的 $H^+$ 和 $OH^-$,它的离解方程式是:

$$H_2O \Longleftrightarrow H^+ + OH^-$$

根据实验精密测定,25℃时,1L 纯水中仅有 $1\times10^{-7}$mol/L 水分子发生离解,因此纯水中 $[H^+]=[OH^-]=1\times10^{-7}$mol/L。

### (二)水的离子积常数

根据化学平衡原理,水的离解平衡常数表达式为:

$$K_i = \frac{[H^+][OH^-]}{[H_2O]}$$

即 $$K_i[H_2O]=[H^+][OH^-]$$

一定温度下,$K_i$ 是常数,$[H_2O]$ 也可看成常数,所以 $K_i[H_2O]$ 仍为常数,用 $K_w$ 表示。

$$K_w=[H^+][OH^-]$$

$K_w$ 称为水的离子积常数,简称水的离子积。25℃时,$K_w=[H^+][OH^-]=10^{-7}\times10^{-7}=1.0\times10^{-14}$。为了方便,室温条件下计算常采用 $K_w=1.0\times10^{-14}$。

在水溶液中,由于水的离解平衡的存在,$[H^+]$ 和 $[OH^-]$ 两者中若一种增大,则另一种一定减少。所以不仅在纯水中,就是在任何酸性或碱性稀溶液中,$[H^+]$ 和 $[OH^-]$ 的乘积都是常数,室温下都为 $1.0\times10^{-14}$。

例如:室温时,已知某盐酸溶液的 $[H^+]$ 为 0.10mol/L

则此盐酸溶液中:$[OH^-]=\dfrac{K_w}{[H^+]}=\dfrac{1.0\times10^{-14}}{0.10}=\dfrac{1.0\times10^{-14}}{1.0\times10^{-1}}=1.0\times10^{-13}$mol/L

所以,室温下的任何水溶液,只要知道 $[H^+]$,就可利用 $K_w$ 求得 $[OH^-]$,反之亦然。

考点提示

溶液中 $[H^+]$ 或 $[OH^-]$ 的计算

## 二、溶液的酸碱性和 pH

### (一)溶液的酸碱性与 $H^+$ 浓度的关系

常温时,纯水中 $[H^+]=[OH^-]=1.0\times10^{-7}$mol/L,所以纯水是中性的。如果向纯水中加入酸，[H⁺]就会增大，使水的离解平衡向左移动，当到达新的平衡时，溶液中[H⁺]>[OH⁻]，所以溶液显酸性；如果在纯水中加入碱，[OH⁻]就会增大，[H⁺]减小，也会使水的离解平衡向左移动，当到达新的平衡时，溶液中[H⁺]<[OH⁻]，所以溶液就显碱性。

溶液的酸碱性是由[H⁺]和[OH⁻]的相对大小决定的。在任何水溶液中，都同时含有[H⁺]和[OH⁻]，而且[H⁺][OH⁻]=$K_w$。综上所述，室温下溶液的酸碱性与[H⁺]和[OH⁻]的关系如下：

中性溶液 [H⁺]=$1.0 \times 10^{-7}$mol/L=[OH⁻]

酸性溶液 [H⁺]>$1.0 \times 10^{-7}$mol/L>[OH⁻]

碱性溶液 [H⁺]<$1.0 \times 10^{-7}$mol/L<[OH⁻]

[H⁺]越大，[OH⁻]就越小，溶液的酸性越强；[OH⁻]越大，[H⁺]就越小，溶液的碱性越强。

生物化学反应大多在[H⁺]很小的条件下进行，如血清中[H⁺]为$3.98 \times 10^{-8}$mol/L，数值太小，用[H⁺]来表示溶液酸碱性很不方便。为此化学上常采用 pH 来表示溶液的酸碱性，称为溶液的 pH。

**（二）pH 的计算**

pH 是氢离子浓度的负对数，即

$$pH = -\lg[H^+]$$

又因为 25℃时，$K_w = [H^+][OH^-] = 10^{-7} \times 10^{-7} = 1.0 \times 10^{-14}$

$$-\lg K_w = -\lg[H^+][OH^-]$$

即 $pK_w = pH + pOH = 14$

利用以上公式可计算各类溶液的 pH。

1．强酸溶液 强酸是强电解质，在水中完全离解成离子，可以根据离解方程式得知溶液的[H⁺]，然后由[H⁺]计算 pH。

**例 7-1** 求 0.1mol/L 盐酸溶液的 pH。

解：∵ HCl = H⁺ + Cl⁻

∴[H⁺] = $c_{HCl}$ = 0.1mol/L = $1 \times 10^{-1}$mol/L

pH = $-\lg[H^+]$ = $-\lg 1 \times 10^{-1}$ = 1

2．强碱溶液 可根据强碱溶液的离解方程式求得溶液的[OH⁻]，再通过公式[H⁺][OH⁻]=$K_w$获得溶液的[H⁺]，再求 pH。或根据公式 pOH=$-\lg[OH^-]$求得 pOH，再根据 pH=14-pOH 计算溶液的 pH。

**例 7-2** 求 0.1mol/L 氢氧化钠溶液的 pH。

解：方法 1

∵ NaOH = Na⁺ + OH⁻

∴[OH⁻] = $c_{NaOH}$ = 0.1mol/L = $1 \times 10^{-1}$mol/L

[H⁺] = $\dfrac{1 \times 10^{-14}}{1 \times 10^{-1}}$ = $1 \times 10^{-13}$mol/L

pH = $-\lg[H^+]$ = $-\lg 1 \times 10^{-13}$ = 13

方法 2

∵[OH⁻] = $1 \times 10^{-1}$mol/L

∴ pOH = $-\lg[OH^-]$ = $-\lg 1 \times 10^{-1}$ = 1

$$pH = 14 - pOH = 14 - 1 = 13$$

3. 一元弱酸溶液　一元弱酸是弱电解质,在溶液中部分离解,溶液 pH 计算以醋酸为例推导。

在醋酸溶液中,存在以下平衡:

$$CH_3COOH \rightleftharpoons H^+ + CH_3COO^-$$

$$K_a = \frac{[H^+][CH_3COO^-]}{[CH_3COOH]}$$

设 $CH_3COOH$ 的起始浓度为 c,则平衡时 $[H^+] = [CH_3COO^-]$,$[CH_3COOH] = c - [H^+]$

$$K_a = \frac{[H^+][CH_3COO^-]}{[CH_3COOH]} = \frac{[H^+]^2}{c - [H^+]}$$

由于醋酸是弱酸,离解度小($c/K_a \geq 500$),平衡时未离解的醋酸浓度近似等于醋酸的总浓度,则:

$$c - [H^+] \approx c$$

得简化公式:

$$[H^+] = \sqrt{K_a c}$$

**例 7-3**　计算 298K 时,0.1mol/L $CH_3COOH$ 溶液的 pH

解:$\because$ c = 0.1mol/L　$K_a = 1.76 \times 10^{-5}$

　　$c/K_a = 0.1/1.76 \times 10^{-5} > 500$

$\therefore$ 可用简化公式进行计算

$$[H^+] = \sqrt{K_a c} = \sqrt{1.76 \times 10^{-5} \times 0.1} = 1.33 \times 10^{-3} mol/L$$

$$pH = -lg[H^+] = -lg 1.33 \times 10^{-3} = 2.88$$

答:0.1mol/L $CH_3COOH$ 溶液的 pH 为 2.88。

4. 一元弱碱溶液　一元弱碱溶液中,$[OH^-]$ 简化计算公式与一元弱酸相似,为

$[OH^-] = \sqrt{K_b c}$,公式使用条件与一元弱酸相似。

**例 7-4**　计算 298K 时,0.1mol/L $NH_3 \cdot H_2O$ 溶液的 pH

解:$\because$ c = 0.1mol/L　$K_b = 1.76 \times 10^{-5}$

　　$c/K_b = 0.1/1.76 \times 10^{-5} > 500$

$\therefore$ 可用简化公式进行计算

考点提示

溶液 pH 的计算

$$[OH^-] = \sqrt{K_b c} = \sqrt{1.76 \times 10^{-5} \times 0.1} = 1.33 \times 10^{-3} mol/L$$

$$pOH = -lg[OH^-] = -lg 1.33 \times 10^{-3} = 2.88$$

$$pH = 14 - pOH = 14 - 2.88 = 11.12$$

答:0.1mol/L $NH_3 \cdot H_2O$ 溶液的 pH 为 11.12。

**(三)溶液的酸碱性与 pH 值的关系**

溶液的酸碱性与溶液中 $[H^+]$ 或 $[OH^-]$ 的相对大小有关,也就与溶液的 pH 有关。

室温时　中性溶液　$[H^+] = 1.0 \times 10^{-7} mol/L$　　　pH = 7

　　　　酸性溶液　$[H^+] > 1.0 \times 10^{-7} mol/L$　　　pH < 7

　　　　碱性溶液　$[H^+] < 1.0 \times 10^{-7} mol/L$　　　pH > 7

$[H^+]$ 越大,pH 越小,溶液的酸性越强,碱性越弱;$[H^+]$ 越小,pH 越大,溶液的酸性越弱,碱性越强。必须注意,溶液的 pH 相差 1 个单位,$[H^+]$ 相差 10 倍。溶液的 pH 每增大 1 个单

位,[H⁺]减小10倍,pH每减小1个单位,[H⁺]则增大10倍。

pH的适用范围在0~14之间,对应的H⁺浓度在1~
$1.0 \times 10^{-14}$ mol/L之间。超过这一范围,溶液的酸碱性直接用
[H⁺]或[OH⁻]来表示。

考点提示

pH与溶液酸碱性

[H⁺]与pH对应关系见表7-3。

表7-3 [H⁺]和pH的对应关系

| [H⁺] | $10^0$ | $10^{-1}$ | $10^{-2}$ | $10^{-3}$ | $10^{-4}$ | $10^{-5}$ | $10^{-6}$ | $10^{-7}$ | $10^{-8}$ | $10^{-9}$ | $10^{-10}$ | $10^{-11}$ | $10^{-12}$ | $10^{-13}$ | $10^{-14}$ |
|---|---|---|---|---|---|---|---|---|---|---|---|---|---|---|---|
| pH | 0 | 1 | 2 | 3 | 4 | 5 | 6 | 7 | 8 | 9 | 10 | 11 | 12 | 13 | 14 |

### (四)酸碱指示剂

在生产实践和科学研究中,需要严格控制溶液的酸碱性。要控制溶液的酸碱性,首先要测定溶液pH,通常用酸碱指示剂或pH试纸进行粗略测定。

酸碱指示剂的作用原理　酸碱指示剂是一些在不同pH溶液中能显示不同颜色的化合物,多为有机弱酸或弱碱,或既具有酸性又具有碱性的两性物质。它离解后,离子的颜色与未离解的分子的颜色有明显的区别。我们以石蕊(HIn)为例讨论指示剂的作用原理。

石蕊是一种有机弱酸,在水中存在下列离解平衡:

$$HIn \rightleftharpoons H^+ + In^-$$

石蕊分子　　石蕊离子
红色　　　　蓝色

在石蕊溶液中同时存在石蕊分子和石蕊离子,所以溶液呈现红色和蓝色的混合色紫色。当向此溶液中加入酸,[H⁺]增大,平衡向左移动,石蕊分子浓度增大,当pH≤5.0时,溶液显红色;当向此溶液中加入碱,[OH⁻]增大,[H⁺]减小,平衡向右移动,石蕊离子浓度增大,当pH≥8.0时,溶液显蓝色。

通常把指示剂由一种颜色过渡到另一种颜色时,溶液pH的变化范围称指示剂的变化范围。石蕊指示剂由红色变为蓝色时,溶液的pH由5.0变化到8.0,则石蕊的变色范围是pH=5.0~8.0。不同的指示剂有不同的变色范围,通常指示剂的变色范围是由实验测定的。常见酸碱指示剂的名称、变色范围和颜色变化见表7-4。

表7-4　常见酸碱指示剂

| 名称 | 变色范围(pH) | 颜色变化 |
|---|---|---|
| 酚酞 | 8.0~10.0 | 无色~红色 |
| 石蕊 | 5.0~8.0 | 红色~蓝色 |
| 甲基橙 | 3.1~4.4 | 红色~黄色 |
| 甲基红 | 4.4~6.2 | 红色~黄色 |
| 溴麝香草酚蓝 | 6.2~7.6 | 黄色~蓝色 |
| 溴酚蓝 | 3.0~4.6 | 黄色~蓝紫色 |
| 麝香草酚酞 | 9.4~10.6 | 无色~蓝色 |
| 中性红 | 6.8~8.0 | 红色~黄色 |

利用指示剂可以粗略地测出溶液的 pH。如在某溶液中加入石蕊指示剂,若显红色,可知溶液的 pH 小于 5;若显蓝色,其 pH 大于 8;若显紫色,则 pH 介于 5~8 之间。

在工作中使用最多的是 pH 试纸法,pH 试纸是由混合指示剂制成的,使用时用玻璃棒蘸取待测溶液滴在试纸上,将试纸呈现的颜色与标准比色卡对照,即能测出溶液近似 pH。

**考点提示**

常见酸碱指示剂及颜色变化

需要精确测定溶液的 pH 时,可以使用酸度计。

### (五) pH 在医学上的意义

pH 在医学上很重要,健康人体液 pH 必须维持在一定的范围内。如果体液 pH 超越正常范围,就会导致生理功能失调或发生疾病。正常人血液的 pH 总是维持在 7.35~7.45 之间,医学上把血液 pH 小于 7.35 叫酸中毒,pH 大于 7.45 叫碱中毒。血液 pH 偏离正常范围 0.4 个单位以上就会有生命危险,必须采取适当的措施将 pH 纠正过来。

 **相关知识链接**

#### 人体体液与健康 pH

人体血液的酸碱性应保持在 7.35~7.45,而 pH 是以 7 为酸碱分界线,也就是说,我们的血液应该呈现弱碱性才能保持正常的生理功能和物质代谢。据一项都市人群健康调查发现,在生活水平较高的大城市里,80% 以上的人血液 pH 经常处于较低的一端,使身体呈现不健康的酸性体质,也就是亚健康体质。人体的血液偏酸性,细胞的生理活动会变弱,新陈代谢就会减慢,废物不易排出,肾脏和肝脏的负担会加重。长此以往,易导致各种慢性疾病的发生,女性皮肤过早衰老,少年儿童发育不良、食欲减退、注意力不集中等。

**人体几种体液和代谢产物的正常 pH**

| 体液 | 胃液 | 尿液 | 唾液 | 血液 | 泪液 | 小肠液 |
|---|---|---|---|---|---|---|
| pH | 0.9~1.9 | 4.7~8.4 | 6.6~7.1 | 7.35~7.45 | 7.4 | 7.6 |

## 第三节 盐类的水解

### 一、盐的类型

盐是酸与碱中和反应的产物,根据形成盐的酸和碱的强弱不同,将盐分为四种类型,见表 7-5

**表 7-5 盐的组成与类型**

| 形成盐的酸和碱 | 盐的类型 | 实例 |
|---|---|---|
| 强酸 + 弱碱 | 强酸弱碱盐 | 氯化铵、氯化铁、硫酸铜 |
| 弱酸 + 强碱 | 弱酸强碱盐 | 碳酸氢钠、碳酸钠、醋酸钠 |
| 弱酸 + 弱碱 | 弱酸弱碱盐 | 醋酸铵、碳酸铵 |
| 强酸 + 强碱 | 强酸强碱盐 | 氯化钠、氯化钾、硝酸钠 |

## 二、盐的水解及溶液酸碱性判断

水溶液的酸碱性，主要取决于溶液中 $H^+$ 浓度和 $OH^-$ 浓度的相对大小。酸溶液显酸性，碱溶液显碱性，盐的水溶液有的显酸性，有的显碱性，有的显中性。如氯化铵溶液显酸性，碳酸氢钠溶液显碱性，氯化钠溶液显中性。为什么不同的盐溶液会显示出不同的酸碱性呢？这是因为形成盐的酸和碱的强弱不同。研究发现，有些盐如氯化铵、碳酸氢钠等在溶液中全部离解成离子，其中的一些阴离子或阳离子可与水离解出的氢离子或氢氧根离子结合成弱电解质，从而使溶液中氢离子浓度发生改变，所以，不同的盐溶液会显出不同的酸碱性。

盐类在水溶液里离解出的离子跟水离解的 $H^+$ 或 $OH^-$ 结合生成弱电解质（弱酸或弱碱）的反应，称为盐类的水解。

盐溶液的酸碱性与盐类的水解反应有关，而盐是否发生水解，又与盐的类型密不可分。

### （一）强酸和弱碱生成的盐

以氯化铵为例说明。$NH_4Cl$ 是强酸 $HCl$ 和弱碱 $NH_3·H_2O$ 生成的盐，其水解过程如下：

$$NH_4Cl \Longrightarrow NH_4^+ + Cl^-$$
$$+$$
$$H_2O \Longrightarrow OH^- + H^+$$
$$\Downarrow$$
$$NH_3·H_2O$$

$NH_4Cl$ 是强电解质，在溶液中完全离解成 $NH_4^+$ 和 $Cl^-$，$H_2O$ 是极弱的电解质，能离解出极少量的 $H^+$ 和 $OH^-$。$NH_4^+$ 和水离解生成的 $OH^-$ 结合生成弱电解质 $NH_3·H_2O$，使溶液中 $OH^-$ 浓度减少，从而破坏了水的离解平衡，使水的离解平衡向右移动，$H^+$ 浓度相对增大。当建立新的平衡时，溶液中 $[H^+]>[OH^-]$，所以溶液显酸性。$NH_4Cl$ 的水解方程式是：

$$NH_4Cl + H_2O \Longrightarrow NH_3·H_2O + HCl$$

硝酸铵、氯化铁、硫酸铜等都也是强酸和弱碱生成的盐，这类盐的水解都是弱碱离子与水离解出的 $OH^-$ 结合生成弱碱，使溶液中 $H^+$ 浓度相对增大，所以它们的水溶液都显酸性。

强酸弱碱盐能水解，水溶液显酸性。

### （二）强碱和弱酸生成的盐

$CH_3COONa$ 是强碱 $NaOH$ 和弱酸 $CH_3COOH$ 生成的盐，其水解过程如下：

$$CH_3COONa \Longrightarrow CH_3COO^- + Na^+$$
$$+$$
$$H_2O \Longrightarrow H^+ + OH^-$$
$$\Downarrow$$
$$CH_3COOH$$

$CH_3COONa$ 是强电解质，在溶液中完全离解成 $CH_3COO^-$ 和 $Na^+$，$H_2O$ 是极弱的电解质，能离解出极少量的 $H^+$ 和 $OH^-$。$CH_3COO^-$ 和水离解产生的 $H^+$ 结合生成弱电解质 $CH_3COOH$，使溶液中 $H^+$ 浓度减少，从而破坏了水的离解平衡，使水的离解平衡向右移动，$OH^-$ 浓度相对增大。当建立新的平衡时，溶液中 $[H^+]<[OH^-]$，所以溶液显碱性。$CH_3COONa$ 的水解方程式是：

$$CH_3COONa + H_2O \Longrightarrow CH_3COOH + NaOH$$

碳酸钠、碳酸氢钠、磷酸钠等也都是强酸和弱碱生成的盐，这类盐的水解都是弱酸离子与水离解出的 $H^+$ 结合生成弱酸，使溶液中 $OH^-$ 浓度相对增大，所以它们的水溶液都显碱性。

强碱和弱酸生成的盐能水解，水溶液显碱性。

**（三）弱酸和弱碱生成的盐**

以醋酸铵为例说明。$CH_3COONH_4$ 是弱酸 $CH_3COOH$ 和弱碱 $NH_3 \cdot H_2O$ 生成的盐，其水解过程如下：

$$CH_3COONH_4 \Longrightarrow CH_3COO^- + NH_4^+$$

$$H_2O \Longrightarrow H^+ + OH^-$$

$$CH_3COOH \quad NH_3 \cdot H_2O$$

$CH_3COONH_4$ 是强电解质，在溶液中完全离解成 $CH_3COO^-$ 和 $NH_4^+$，$H_2O$ 是极弱的电解质，能离解出极少量的 $H^+$ 和 $OH^-$。$CH_3COO^-$ 和 $NH_4^+$ 分别与水离解生成的 $H^+$ 和 $OH^-$ 结合生成弱电解质 $CH_3COOH$ 和 $NH_3 \cdot H_2O$，可见这类盐水解的程度更大。$CH_3COONH_4$ 的水解方程式是：

$$CH_3COONH_4 + H_2O \Longrightarrow CH_3COOH + NH_3 \cdot H_2O$$

磷酸铵、碳酸氢铵等都是弱酸和弱碱生成的盐，这类盐的水解是弱酸离子和弱碱离子分别与水离解出的 $H^+$ 和 $OH^-$ 结合生成弱酸和弱碱，水溶液的酸碱性是由水解后生成的弱酸和弱碱的相对强弱（即它们的离解常数的相对大小）决定。

如果弱酸的 $K_a$ 值等于弱碱的 $K_b$ 值，溶液显中性，如 $CH_3COONH_4$ 水溶液显中性。

如果弱酸的 $K_a$ 值大于弱碱的 $K_b$ 值，溶液显酸性，如 $(NH_4)_3PO_4$ 水溶液显酸性。

如果弱酸的 $K_a$ 值小于弱碱的 $K_b$ 值，溶液显碱性，如 $(NH_4)_2CO_3$ 水溶液显碱性。

**（四）强酸和强碱生成的盐**

这类盐不水解，如氯化钠。氯化钠是强电解质，在水中离解生成的 $Na^+$ 和 $Cl^-$ 不能与水离解出来的 $H^+$ 或 $OH^-$ 结合，没有弱电解质生成，从而不影响水的离解平衡，溶液中 $[H^+]=[OH^-]$，所以溶液显中性。

$KCl$、$KNO_3$、$Na_2SO_4$ 等都属于强酸强碱盐，这类盐不发生水解反应，它们的水溶液呈中性。

强酸强碱生成的盐不水解，水溶液显中性。

> 考点提示
> 判断盐溶液的酸碱性

**三、盐类水解在医学上的意义**

由于盐的水解现象普遍存在，所以在生产实践和科学实验等方面都有其广泛的应用。

临床上治疗胃酸过多或酸中毒时常使用碳酸氢钠和乳酸钠，就是利用碳酸氢钠和乳酸钠水解后显碱性的性质；治疗碱中毒时使用氯化铵就是利用氯化铵水解后显酸性的性质。但是盐的水解也会带来不利的影响。例如某些药物因水解而变质，对这些药物应密闭保存在干燥处，以防止水解变质。

# 第四节 缓 冲 溶 液

机体在生命活动过程中不断地产生酸性物质和碱性物质，同时又不断从食物中摄取酸性物质和碱性物质。所以，体液 pH 总是不断地发生变动，但这种变动只发生在一个极狭窄的范围内，如正常人体血浆的 pH 总是维持在 7.35～7.45。血液的 pH 是如何保持稳定的呢？

## 一、缓冲作用和缓冲溶液

 **案例**

取六支试管，其中 1、2 号试管各加入蒸馏水 4ml，3、4 号试管各加入 0.1mol/L NaCl 溶液 4ml，5、6 号试管中各加入 0.1mol/L $CH_3COOH$ 和 0.1mol/L $CH_3COONa$ 溶液各 2ml，用 pH 试纸分别测定六支试管中溶液的 pH。然后在编号为 1、3、5 的三支试管中各加入 0.1mol/L 盐酸溶液 3 滴，编号为 2、4、6 的三支试管中加入 0.1mol/L 氢氧化钠溶液 3 滴，摇匀，再分别测定六支试管内溶液的 pH。

提问：1. 在六支试管中加酸或碱后 pH 值有变化吗？怎样变化的？
　　　2. 为什么在醋酸和醋酸钠的混合溶液中加入少量酸或碱，溶液的 pH 无明显改变？

实验结果表明，在蒸馏水或氯化钠溶液中加酸时，溶液的 pH 明显降低，加碱时溶液的 pH 明显升高；在醋酸和醋酸钠的混合溶液中加入少量的酸或碱时，溶液的 pH 无明显改变。由此可见，蒸馏水和氯化钠不具有保持溶液 pH 的作用，而醋酸和醋酸钠的混合溶液却表现出抵抗酸、碱，保持溶液 pH 稳定的能力。我们把溶液所具有的这种能抵抗外来的少量酸或碱而保持溶液 pH 几乎不变的作用称为缓冲作用。具有缓冲作用的溶液称为缓冲溶液。

需要指出的是，缓冲溶液还具有抵抗稀释的作用。

## 二、缓冲溶液的组成和类型

缓冲溶液之所以具有缓冲作用，是因为溶液里通常含有两种成分，一种能与酸作用，称为抗酸成分；另一种能与碱作用称为抗碱成分。两种成分之间存在化学平衡，通常把这两种成分称为缓冲对或缓冲系。缓冲对常用以下形式表示：如 $H_2CO_3－NaHCO_3$、$H_2CO_3/NaHCO_3$ 或 $\dfrac{NaHCO_3}{H_2CO_3}$ 都表示碳酸和碳酸氢钠缓冲对。

缓冲对主要有以下三种类型。

### （一）弱酸及其对应的盐

如 $CH_3COOH－CH_3COONa$、$H_2CO_3－NaHCO_3$ 缓冲对。

|  弱酸<br>（抗碱成分） | 对应的盐<br>（抗酸成分） |
| --- | --- |
| $CH_3COOH$ | $CH_3COONa$ |
| $H_2CO_3$ | $NaHCO_3$ |

### （二）弱碱及其对应的盐

如 $NH_3·H_2O－NH_4Cl$ 缓冲对。

|  弱碱<br>（抗酸成分） | 对应的盐<br>（抗碱成分） |
| --- | --- |

91

$$NH_3 \cdot H_2O \qquad\qquad NH_4Cl$$

**（三）多元弱酸的酸式盐及其对应的次级盐**

如 $NaH_2PO_4-Na_2HPO_4$、$Na_2HPO_4-Na_3PO_4$、$NaHCO_3-Na_2CO_3$ 缓冲对。

| 多元弱酸的酸式盐<br>（抗碱成分） | 对应次级盐<br>（抗酸成分） |
|:---:|:---:|
| $NaH_2PO_4$ | $Na_2HPO_4$ |
| $Na_2HPO_4$ | $Na_3PO_4$ |
| $NaHCO_3$ | $Na_2CO_3$ |

### 三、缓冲作用原理

现以 $CH_3COOH-CH_3COONa$ 缓冲对为例说明缓冲作用原理。

在 $CH_3COOH-CH_3COONa$ 混合溶液中，存在下列离解平衡：

$$CH_3COOH \Longrightarrow H^+ + CH_3COO^-$$

$$CH_3COONa \Longrightarrow Na^+ + CH_3COO^-$$

$CH_3COONa$ 是强电解质，在溶液中完全离解成 $Na^+$ 和 $CH_3COO^-$，$CH_3COOH$ 是弱电解质，离解度很小，加之同离子效应，使 $CH_3COOH$ 的离解度更小，只有极少的 $CH_3COOH$ 分子离解成 $H^+$ 和 $CH_3COO^-$。因而在混合溶液中，$CH_3COO^-$、$CH_3COOH$ 的浓度都比较大。

当向此溶液中滴加少量的强酸时，$CH_3COO^-$ 和外加的 $H^+$ 结合生成 $CH_3COOH$：

$$CH_3COO^- + H^+ \Longrightarrow CH_3COOH$$

使 $CH_3COOH$ 的离解平衡向左移动。当建立新的平衡时，溶液中 $CH_3COOH$ 的浓度略有增加，$CH_3COO^-$ 的浓度略有减少，但 $H^+$ 的浓度几乎没有增加，所以溶液 pH 基本不变。

在这里，$CH_3COO^-$ 起到了对抗外来 $H^+$ 的作用。由于 $CH_3COO^-$ 主要来自于 $CH_3COONa$ 的离解，因而 $CH_3COONa$ 是抗酸成分。

当向此溶液中滴加少量的强碱时，由强碱离解产生的 $OH^-$ 就与体系中大量的 $CH_3COOH$ 反应而生成 $CH_3COO^-$ 和 $H_2O$：

$$CH_3COOH + OH^- \Longrightarrow CH_3COO^- + H_2O$$

使 $CH_3COOH$ 的离解平衡向右移动。当建立新的平衡时，溶液中 $CH_3COO^-$ 的浓度略有增加，$CH_3COOH$ 的浓度略有减少，但 $OH^-$ 的浓度几乎没有增加，所以溶液 pH 基本不变。

在这里，$CH_3COOH$ 离解出来的 $H^+$ 起到了对抗外来 $OH^-$ 的作用，因此 $CH_3COOH$ 是抗碱成分。

**考点提示**

缓冲溶液的作用与组成

必须指出的是，当外来的酸或碱的量过多时，缓冲对中的抗酸成分和抗碱成分将消耗尽，缓冲溶液就会失去缓冲作用，此时溶液的 pH 将会发生较大的改变，所以缓冲溶液的缓冲作用是有限的。

### 四、缓冲溶液 pH 的基本计算

缓冲溶液中存在复杂的化学平衡，其 pH 计算可按以下公式进行：

1. 弱酸及其对应的盐组成的缓冲溶液：

$$pH = pK_a + \lg \frac{c_{盐}}{c_{弱酸}}$$

该公式也适用于多元弱酸的酸式盐及对应的次级盐组成的缓冲溶液 pH 计算。

2. 弱碱及其对应的盐组成的缓冲溶液:

$$pOH = pK_b + \lg \frac{c_{盐}}{c_{弱碱}}$$

又根据
$$pH + pOH = pK_w$$

得

$$pH = pK_w - pK_b - \lg \frac{c_{盐}}{c_{弱碱}}$$

以上三式,是缓冲溶液 pH 计算的近似公式,即缓冲公式。它表明缓冲溶液的 pH 决定于弱酸或弱碱的离解常数以及抗酸成分与抗碱成分浓度的比值,式中的 $pK_a$ 或 $pK_b$ 是弱酸或弱碱离解常数的负对数。常见缓冲溶液的 $K_a$ 或 $K_b$、$pK_a$ 或 $pK_b$ 见表 7-6。

表 7-6  常见缓冲溶液弱酸或弱碱的 $K_a(K_b)$、$pK_a(pK_b)$

| 缓冲对 | 弱酸或弱碱 | $K_a$ 或 $K_b$ | $pK_a$ 或 $pK_b$ |
|---|---|---|---|
| $CH_3COOH$ — $CH_3COONa$ | $CH_3COOH$ | $K_a = 1.76 \times 10^{-5}$ | 4.75 |
| $H_2CO_3$ — $NaHCO_3$ | $H_2CO_3$ | $K_{a_1} = 4.3 \times 10^{-7}$ | 6.37 |
| $NaHCO_3$ — $Na_2CO_3$ | $HCO_3^-$ | $K_{a_2} = 5.6 \times 10^{-11}$ | 10.3 |
| $NaH_2PO_4$ — $Na_2HPO_4$ | $H_2PO_4^-$ | $K_{a_2} = 6.23 \times 10^{-8}$ | 7.21 |
| $NH_3 \cdot H_2O$ — $NH_4Cl$ | $NH_3 \cdot H_2O$ | $K_b = 1.76 \times 10^{-5}$ | 4.75 |

**例 7-5**  将 0.2mol/L 的 $CH_3COOH$ 和 0.2mol/L $CH_3COONa$ 溶液等体积混合,求此缓冲溶液的 pH。

解:查表知,$CH_3COOH$ 的 $pK_a = 4.75$

由于溶液是等体积混合,体积增大为原来的一倍,浓度减少为原来的一半,即:

$$c_{酸} = \frac{0.2}{2} = 0.1(mol/L)$$

$$c_{盐} = \frac{0.2}{2} = 0.1 mol/L$$

$$pH = pK_a + \lg \frac{c_{盐}}{c_{弱酸}} = 4.75 + \lg \frac{0.1}{0.1} = 4.75 + 0 = 4.75$$

答:此缓冲溶液的 pH 是 4.75。

**例 7-6**  将 20ml 0.1mol/L 的 $NH_3 \cdot H_2O$ 和 20ml 0.1mol/L 的 $NH_4Cl$ 混合,求此混合溶液的 pH。

解:此混合溶液是缓冲溶液,所以按缓冲公式进行计算

查表知,$NH_3 \cdot H_2O$ 的 $pK_b = 4.75$

由于溶液是等体积混合,体积增大为原来的一倍,浓度减少为原来的一半,即:

$$c_{碱} = c_{盐} = \frac{0.10}{2} = 0.05(mol/L)$$

$$pH = pK_w - pK_b - \lg \frac{c_{盐}}{c_{弱碱}} = 14 - 4.75 - \lg \frac{0.1}{0.1} = 14 - 4.75 - 0 = 9.25$$

答:此混合溶液的 pH 为 9.25。

**例7-7** 将10ml 0.10mol/L的$NaH_2PO_4$和10ml 0.2mol/L的$Na_2HPO_4$混合,求此混合溶液的pH。

**解**:此溶液为缓冲溶液,查表知,$H_2PO_4^-$的$pK_a = 7.21$

$$c_{酸} = c_{NaH_2PO_4} = \frac{10 \times 0.10}{20} = 0.05 \text{mol/L}$$

$$c_{盐} = c_{Na_2HPO_4} = \frac{10 \times 0.2}{20} = 0.10 \text{mol/L}$$

$$pH = pK_a + \lg \frac{c_{盐}}{c_{弱酸}} = 7.21 + \lg \frac{0.10}{0.05} = 7.21 + 0.30 = 7.51$$

**答**:此混合溶液的pH为7.51。

> **考点提示**
>
> 缓冲溶液pH计算

## 五、缓冲溶液在医学上的意义

缓冲溶液在生理活动中具的重要的意义。在人体血液中含有多种由弱酸及其对应的盐组成的缓冲对。血浆的缓冲体系含有下列缓冲对:$H_2CO_3 - NaHCO_3$、$NaH_2PO_4 - Na_2HPO_4$、Na-蛋白质—H-蛋白质。血细胞的缓冲体系含有下列缓冲对:$H_2CO_3 - KHCO_3$、$KH_2PO_4 - K_2HPO_4$、K-蛋白质—H-蛋白质。人体血液的pH之所以能维持在7.35～7.45这个狭小的范围内,原因之一就是血液中存在一系列的缓冲对。

在血浆缓冲体系中,碳酸和碳酸氢盐缓冲对浓度最大,作用最强。当代谢产生的酸(HA)进入血液后,主要被$NaHCO_3$缓冲:

$$HA + NaHCO_3 \longrightarrow NaA + H_2CO_3$$
$$\longrightarrow H_2O + CO_2$$

缓冲结果使酸性较强的酸(HA)转变成盐(NaA),同时生成酸性较弱的$H_2CO_3$,$H_2CO_3$则进一步分解成$H_2O$和$CO_2$,$CO_2$可经肺呼出体外从而不致使血浆pH有较大改变。

当碱性物质(BOH)进入血液后,主要被$H_2CO_3$缓冲:

$$BOH + H_2CO_3 \rightarrow BHCO_3 + H_2O$$

缓冲结果使碱性较大的碱(BOH)转变成碱性较弱的盐($BHCO_3$),其中所消耗的$H_2CO_3$可由体内不断产生的$CO_2$来补充,缓冲后生成的过多的$BHCO_3$可由肾排出体外,因而血液的pH保持恒定。

缓冲溶液在医学上也具有重要的意义。人体体液的pH能保持在一个狭小的范围内,缓冲体系的缓冲起到重要作用。在进行微生物的培养,药物疗效作用等实验研究中,只有控制合适的pH,才能使微生物正常生长,通常是将细胞等置于适宜的缓冲溶液中。在药物的生产、保存时,由于很多药物会发生水解,而水解反应的程度及速度与溶液的pH有关,因此常利用缓冲溶液来控制溶液的pH,以达到控制药物稳定的目的。在临床检验中,组织的切片,细菌的染色,血液的冷藏,酶活性的测定等都要在一定pH的缓冲溶液中进行。

 **相关知识链接**

### 人体酸碱平衡的维持

人体调节酸碱平衡主要有三个系统。当酸性或碱性物质进入血液后,血液缓冲系统在几秒钟内即可发生反应,约在20分钟内完成,其特点是作用较快,但只能将酸性或碱性物质强度减弱,而不能根本上将其从体内清除;肺能排除 $CO_2$,从而降低体内挥发性酸的含量,当血液 pH 发生改变时,在 15~30 分钟内肺就能发挥出最大调节作用,但对非挥发性酸的调节作用弱;肾脏对机体酸碱平衡的调节最慢,约需数小时,甚至持续 3~5 天,从调节能力来看,不论对酸或碱都有调节作用,能排出过多的酸或碱,所以,当肾功能障碍时,往往会导致体内水、电解质及酸碱平衡的失调。如果人的机体发生某些疾病,代谢过程发生障碍,体内积蓄的酸或碱过多,超出了体液的缓冲能力时,血液的 pH 就会发生变化,出现酸中毒或碱中毒,严重时甚至会危及生命。临床上常用乳酸钠或碳酸氢钠纠正酸中毒,用氯化铵来纠正碱中毒。

## 本章小结

　　根据电解质离解的程度不同,将其分为强电解质和弱电解质。强酸、强碱和大多数的盐是强电解质,弱酸、弱碱和少数的盐是弱电解质。强电解质在水中完全离解,以离子形式存在,弱电解质只能部分离解成离子,大多数以分子形式存在于溶液中。水是极弱的电解质,溶液中 $[H^+]$ 和 $[OH^-]$ 的相对大小,决定了水溶液的酸碱性。溶液的酸碱性常用 pH 表示,酸碱指示剂和 pH 试纸可粗略测定溶液酸碱性。酸溶液显酸性,碱溶液显碱性,由于盐的水解,盐溶液有的显中性,有的显碱性,有的显酸性。缓冲溶液由抗酸和抗碱成分组成,具有对抗外加少量酸或碱及适当稀释保持溶液 pH 的作用。

 目标测试

### 一、选择题

1. 下列化合物中,属于电解质的是
   A. 氯化钠　　　　　　　　B. 蔗糖　　　　　　　　C. 花生油
   D. 葡萄糖　　　　　　　　E. 乙醇

2. 下列化合物中,属于非电解质的是
   A. 氯化钠　　　　　　　　B. 葡萄糖　　　　　　　C. 氯化钾
   D. 碳酸氢钠　　　　　　　E. 醋酸

3. 下列物质中属于强酸的是
   A. 磷酸　　　　　　　　　B. 盐酸　　　　　　　　C. 醋酸
   D. 碳酸　　　　　　　　　E. 氢硫酸

4. 下列物质中属于强碱的是
   A. 碳酸钠　　　　　　　　B. 碳酸氢钠　　　　　　C. 氢氧化钠
   D. 氨水　　　　　　　　　E. 氯化铵

5. 下列物质的水溶液显酸性的是
   A. 氯化钠　　　　　　　　B. 氢氧化钠　　　　　　C. 氯化铵
   D. 碳酸氢钠　　　　　　　E. 氯化钾

6. 静滴生理盐水可补充的离子是
   A. $Ca^{2+}$、$Cl^-$
   B. $Na^+$、$Cl^-$
   C. $K^+$、$Cl^-$
   D. $Zn^{2+}$、$OH^-$
   E. $H^+$、$OH^-$

7. 生理盐水的溶质是
   A. 氯化钠
   B. 盐酸
   C. 水
   D. 葡萄糖
   E. 氯化钾

8. 下列溶液中酸性最强的是
   A. pH=3
   B. pH=5
   C. pH=7
   D. pH=10
   E. pH=14

9. 下列溶液中碱性最强的是
   A. pH=3
   B. pH=5
   C. pH=7
   D. pH=10
   E. pH=14

10. 正常人血液 pH 范围是
    A. 1.35~3.45
    B. 7.35~7.45
    C. 5.35~6.35
    D. 6.35~7.45
    E. 10.35~11.45

11. 下列物质的水溶液显碱性的是
    A. 氯化钠
    B. 盐酸
    C. 硫酸铵
    D. 碳酸氢钠
    E. 氯化钾

12. 下列物质的水溶液显中性的是
    A. 氯化钠
    B. 盐酸
    C. 硫酸铵
    D. 碳酸氢钠
    E. 醋酸钠

13. 人体血液的 pH 能保持恒定是因为有肺和肾脏的调节,同时还因为血液中存在
    A. 氯化钠溶液
    B. 酸溶液
    C. 缓冲溶液
    D. 碱溶液
    E. 水溶液

14. 某患者血液 pH=7.3,则该人已发生
    A. 酸中毒
    B. 碱中毒
    C. 水中毒
    D. 盐中毒
    E. 重金属中毒

15. 下列溶液中,pH<7 的是
    A. NaCl
    B. $Na_2CO_3$
    C. $CH_3COOH$
    D. NaOH
    E. $CH_3COONa$

16. 下列溶液中,pH>7 的是
    A. NaCl
    B. $NaHCO_3$
    C. $CH_3COOH$
    D. $NH_4Cl$
    E. 稀 HCl

17. 某患者血液 pH=7.5,则该人已发生
    A. 酸中毒
    B. 碱中毒
    C. 水中毒
    D. 盐中毒
    E. 重金属中毒

18. 临床上纠正酸中毒可使用
    A. 生理盐水
    B. $NaHCO_3$ 溶液
    C. 葡萄糖溶液
    D. $NH_4Cl$ 溶液
    E. 氯化钾溶液

19. 临床上纠正碱中毒可使用

A. 生理盐水      B. $NaHCO_3$ 溶液      C. 葡萄糖溶液

D. $NH_4Cl$ 溶液      E. 氯化钾溶液

20. 家庭中常见的一些物质 pH 如下, 显碱性的是
    A. 啤酒(pH=3.5)      B. 食醋(pH=3.0)      C. 食盐水(pH=7.0)
    D. 肥皂水(pH=10.0)      E. 葡萄糖(pH=5.5)

21. 家庭中常见的一些物质 pH 如下, 显酸性的是
    A. 啤酒(pH=3.5)      B. 牙膏(pH=9.0)      C. 食盐水(pH=7.0)
    D. 肥皂水(pH=10.0)      E. 小苏打溶液(pH=9.0)

22. 下列各物质可作为缓冲对的是
    A. $CH_3COOH$-HCl      B. HCl-NaCl      C. $CH_3COOH$-$CH_3COONa$
    D. NaOH-NaCl      E. $H_2O$-NaCl

23. 在 pH=5.0 的 $CH_3COOH$-$CH_3COONa$ 溶液中加入少量盐酸, 溶液的 pH
    A. 大于 5.0      B. 等于 5.0      C. 等于 7.0
    D. 小于 5.0      E. 大于 7.0

24. 下列说法错误的是
    A. 在缓冲溶液中加入大量的酸或碱, 溶液的 pH 基本不变
    B. 在缓冲溶液中加入少量的酸或碱, 溶液的 pH 基本不变
    C. 在缓冲溶液中加入适量的水, 溶液的 pH 基本不变
    D. 缓冲溶液能使溶液的 pH 不发生明显变化
    E. 在缓冲溶液中加入大量的酸, 溶液的 pH 降低

25. $KH_2PO_4$- $K_2HPO_4$ 缓冲溶液中的抗酸成分是
    A. $KH_2PO_4$      B. $K_2HPO_4$      C. $H^+$
    D. $K^+$      E. $H_2O$

26. 血浆中最重要的缓冲对是
    A. $NaH_2PO_4$-$Na_2HPO_4$      B. K-蛋白质 -H-蛋白质
    C. $H_2CO_3$-$KHCO_3$      D. $H_2CO_3$-$NaHCO_3$
    E. $CH_3COOH$-$CH_3COONa$

## 二、填空题

1. pH=7 的溶液呈__性, pH<7 的溶液呈__性, pH>7 的溶液呈____性。

2. 溶液的 pH 越大, 酸性越__, 碱性越____; pH 越小, 酸性越__, 碱性越__。

3. 正常人体的 pH 总是维持在_____之间。医学上把血液 pH_____时叫酸中毒, pH_____时叫碱中毒。

4. 临床上治疗胃酸过多或酸中毒时使用碳酸氢钠, 就是利用碳酸氢钠发生水解后显_____的性质; 治疗碱中毒时使用氯化铵就是利用氯化铵发生水解后成_____的性质。

5. 碳酸氢钠的水溶液显____性, 氯化铵水溶液显____性, 氯化钠水溶液显____性。

6. 缓冲溶液是由两种物质混合而成的, 其中一种能够与碱发生反应, 称为_____成分, 另一种溶液能够与酸发生反应, 称为____成分。化学上显酸性的物质有: 酸及_____盐, 显碱性的物质有: 碱及_____盐。

7. 下表列出了家庭中常见一些物质的 pH, 请填写下表:

| | 啤酒 | 醋 | 食盐溶液 | 牙膏 | 肥皂水 |
|---|---|---|---|---|---|
| pH 酸碱性 | 3.5 | 3 | 7 | 9 | 10 |

并回答(1)其中能使酚酞试液变红的是_____。(2)黄蜂分泌的毒液是碱性的,若你被黄蜂蜇了,应用_____涂在皮肤上;蜜蜂、蚂蚁分泌的毒液是酸性的,若你被蜇了,应用_____涂在皮肤上。

### 三、简答题

1. 举例说明弱电解质离解平衡的移动。

2. 举例说明缓冲溶液中缓冲对的作用原理。

### 四、计算题

1. 计算下列溶液的 pH

(1) 0.1mol/LHCl             (2) 0.1mol/LNaOH

(3) 0.1mol/LCH₃COOH     (4) 0.1mol/LNH₃·H₂O

2. 计算下列混合溶液的 pH

(1) 10ml 0.1mol/L NaOH 溶液中加入 10ml 0.1mol/L HCl 溶液

(2) 10ml 0.2mol/L CH₃COONa 溶液中加入 10ml 0.2mol/L CH₃COOH 溶液

(3) 10ml 0.2mol/L NH₃·H₂O 溶液中加入 10ml 0.2mol/L NH₄Cl 溶液

(4) 10ml 0.1mol/L NaH₂PO₄ 溶液中加入 10ml 0.2mol/L Na₂HPO₄ 溶液

（蒋　江）

# 第八章 配位化合物

1. 掌握 配合物的概念、组成和命名。
2. 熟悉 配合物稳定常数的意义。
3. 了解 螯合物的概念、形成条件及常见螯合物。

配位化合物是一类广泛存在于自然界、组成较为复杂的化合物,简称为配合物,过去也称为络合物。生物体内的金属离子多数是以配合物的形式存在的,如人体内输送氧气的亚铁血红蛋白是一种含铁的配合物,植物进行光合作用所依赖的叶绿素是含镁的配合物,人体内的各种酶的分子几乎都是金属的配合物,在人的生命过程中发挥着重要的作用。此外,配合物在生化检验、环境监测、药物分析等方面的应用也非常广泛。

## 第一节 配 合 物

### 一、配合物的概念

 案例

1. 取二支试管,分别加入硫酸铜溶液1ml。

在第一支试管中加入少量氢氧化钠溶液,立即出现蓝色氢氧化铜沉淀;在第二支试管中加入少量氯化钡溶液,出现白色硫酸钡沉淀。

2. 向上述蓝色氢氧化铜沉淀中加入过量氨水,沉淀溶解,变成深蓝色溶液。再向深蓝色溶液中加入少量氢氧化钠溶液,没有蓝色氢氧化铜沉淀生成,仍然是深蓝色溶液。

请问:(1)在第一支试管中出现蓝色氢氧化铜沉淀,表明溶液中有什么离子存在?

(2)在第二支试管中出现硫酸钡白色沉淀,表明溶液中有什么离子存在?

(3)上述深蓝色物质是什么?

出现蓝色氢氧化铜沉淀,表明溶液中有铜离子存在;出现硫酸钡白色沉淀,表明溶液中有硫酸根离子存在。实验证明,在硫酸铜溶液中含有 $Cu^{2+}$ 和 $SO_4^{2-}$。

$$CuSO_4+2NaOH=Cu(OH)_2\downarrow +Na_2SO_4$$

$$CuSO_4+BaCl_2=CuCl_2+BaSO_4\downarrow$$

从反应现象看,氢氧化铜与氨水发生了化学反应,生成了深蓝色物质。

$$Cu(OH)_2+4NH_3=[Cu(NH_3)_4](OH)_2(深蓝色)$$

经分析证实,该深蓝色物质是$[Cu(NH_3)_4]^{2+}$,它是一种复杂离子,在水溶液中很难离解出$Cu^{2+}$。所以,加入氢氧化钠溶液就不会再有蓝色氢氧化铜沉淀生成。

$$[Cu(NH_3)_4](OH)_2=[Cu(NH_3)_4]^{2+}+2OH^-$$

在$[Cu(NH_3)_4]^{2+}$中,$Cu^{2+}$和4个$NH_3$分子是通过4个配位键结合在一起的,像这种由一个金属阳离子和一定数目的中性分子或者阴离子以配位键结合而成的复杂离子称为配离子,如$[Ag(NH_3)_2]^+$、$[Fe(CN)_6]^{3-}$等。配离子和带相反电荷的其他简单离子组成的化合物称配位化合物,简称配合物。

配合物亦是由一个金属离子(或原子)和一定数目的中性分子或阴离子以配位键结合形成的复杂分子(称为配位分子),如$[Fe(CO)_5]$、$[Pt(NH_3)_2Cl_2]$等。

此外,配合物和复盐虽然分子式形式相似,但是在水溶液中,复盐能完全离解成组成它的简单离子,而配合物只能完全离解成组成它的配离子和外界离子,而不能完全离解成组成它的简单离子。

如复盐硫酸铝钾$KAl(SO_4)_2\cdot12H_2O$和配合物硫酸四氨合铜(Ⅱ)$[Cu(NH_3)_4]SO_4$在水溶液中离解方程式为:

$$KAl(SO_4)_2\cdot12H_2O=K^++Al^{3+}+2SO_4^{2-}+12H_2O$$
$$[Cu(NH_3)_4]SO_4=[Cu(NH_3)_4]^{2+}+SO_4^{2-}$$

## 二、配合物的组成

配合物的结构比较复杂,以配合物$[Cu(NH_3)_4]SO_4$为例,其组成示意如下:

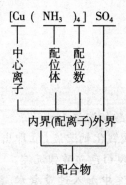

### (一)中心离子

在配离子(或配位分子)中,接受孤对电子的金属阳离子或原子称为中心离子。中心离子位于配合物的中心位置,一般是金属阳离子或原子,它是配合物的核心部分。如$[Cu(NH_3)_4]^{2+}$的中心离子是$Cu^{2+}$,$[Fe(CO)_5]$的中心离子为$Fe$。常见的中心离子多为过渡元素的金属阳离子,如$Ag^+$、$Cu^{2+}$、$Zn^{2+}$、$Fe^{2+}$、$Fe^{3+}$等。但也有电中性的原子,如$Fe$、$Co$等。

### (二)配位体

在配合物中,与中心离子以配位键结合的阴离子或中性分子称为配位体。如$[Cu(NH_3)_4]SO_4$分子中,氨分子($NH_3$)就是配位体,配位体中必须有一个或几个原子带有孤对电子,其孤对电子与中心离子以配位键结合。配位体中提供孤对电子的原子称为配位原子,简称配原子。

常见的配位体有 $NH_3$、$H_2O$、$CO$、$F^-$、$Cl^-$、$CN^-$、$SCN^-$ 等,常见的配原子有 $O$、$N$、$F$、$Cl$、$S$ 等。

### (三)配位数

一个中心离子所能结合的配位原子的总数,称为该中心离子的配位数,中心离子最常见的配位数是2、4或6等。常见中心离子的配位数见表8-1。

表8-1 常见中心离子的配位数

| 中心离子 | 化合价 | 配位数 |
| --- | --- | --- |
| $Ag^+$、$Cu^+$ | +1 | 2 |
| $Cu^{2+}$、$Zn^{2+}$、$Hg^{2+}$、$Co^{2+}$ | +2 | 4 |
| $Fe^{2+}$、$Fe^{3+}$、$Co^{2+}$、$Co^{3+}$、$Cr^{3+}$ | +2 或 +3 | 6 |

### (四)配离子(内界)

中心离子与配位体以配位键结合而成配离子。配离子组成配合物内界。书写配离子时,用方括号括起来。例如 $[Cu(NH_3)_4]^{2+}$ 就是配离子(内界)。配离子带有电荷,其电荷数等于中心离子电荷数与配位体电荷数的代数和,例如在 $[Cu(NH_3)_4]SO_4$ 中,配离子由一个 $Cu^{2+}$ 和 4 个 $NH_3$ 分子组成,配离子的电荷数为:$(+2)+0 \times 4= +2$,写作 $[Cu(NH_3)_4]^{2+}$。如果配位体是中性分子,则中心离子的电荷数就是配离子的电荷数。

### (五)外界离子(外界)

配合物中与配离子带相反电荷的离子称为配合物的外界(亦称外界离子),即化学式中方括号以外的部分。配位分子无外界。外界离子通常是带正、负电荷的简单离子或原子团,如 $SO_4^{2-}$、$Cl^-$、$NO_3^-$、$K^+$、$Na^+$ 等。

在配合物中,内界与外界之间以离子键结合,可溶性配合物在水溶液中会完全离解出配离子和外界离子,例如:

$$[Cu(NH_3)_4]SO_4=[Cu(NH_3)_4]^{2+}+SO_4^{2-}$$
$$[Ag(NH_3)_2]Cl=[Ag(NH_3)_2]^++Cl^-$$

内界的中心离子与配位体之间以配位键结合,在水溶液中可发生微弱离解,存在着离解平衡。因此,在配合物溶液中,游离的中心离子极少。

在配合物中,配离子和外界离子所带的电荷数量相等,电性相反,整个配合物不显电性。

## 三、配合物的命名

配合物的命名比一般无机化合物命名更复杂的地方是配离子的命名。

### (一)配离子的命名

配离子的命名按照如下顺序:配位体数目(用中文数字一、二、三……表示)→配位体名称→合→中心离子名称(化合价数——用大写罗马数字Ⅰ、Ⅱ、Ⅲ、Ⅳ、Ⅴ、Ⅵ……标明)。例如:

$[Cu(NH_3)_4]^{2+}$　　　四氨合铜(Ⅱ)配离子

$[Ag(NH_3)_2]^+$　　　二氨合银(Ⅰ)配离子

$[Fe(CN)_6]^{3-}$　　　六氰合铁(Ⅲ)配离子

$[Fe(CN)_6]^{4-}$　　　六氰合铁(Ⅱ)配离子

$[Fe(CO)_5]$　　　五羰基合铁(0)

若有多种配位体时,一般先阴离子配位体后中性分子配位体;先无机配位体后有机配位体。例如:

| $[Pt(NH_3)_2Cl_2]$ | 二氯二氨合铂（Ⅱ） |
| $[Co(NH_2CH_2CH_2NH_2)_2Cl_2]^+$ | 二氯二乙二胺合钴（Ⅲ）配离子 |

## （二）配合物的命名

配合物的命名原则与一般无机化合物相同。即阴离子在前，阳离子在后，称为某化某或某酸某等。例如：

| $[Cu(NH_3)_4]SO_4$ | 硫酸四氨合铜（Ⅱ） |
| $[Ag(NH_3)_2]Cl$ | 氯化二氨合银（Ⅰ） |
| $K_3[Fe(CN)_6]$ | 六氰合铁（Ⅲ）酸钾 |
| $H_2[PtCl_6]$ | 六氯合铂（Ⅳ）酸 |
| $[Cu(NH_3)_4](OH)_2$ | 氢氧化四氨合铜（Ⅱ） |

对于一些常见的配合物，通常还用习惯名称。例如：

| $[Cu(NH_3)_4]^{2+}$ | 铜氨配离子 |
| $[Ag(NH_3)_2]^+$ | 银氨配离子 |
| $K_4[Fe(CN)_6]$ | 亚铁氰化钾（黄血盐） |
| $K_3[Fe(CN)_6]$ | 铁氰化钾（赤血盐） |

**思考题**

命名配合物 $[Co(NH_3)_6]Cl_3$，并指出其内界、外界、中心离子、配位体、配位数。

## 四、配合物的稳定常数

在配合物中，配离子和外界离子之间以离子键结合，在水溶液中能完全离解为配离子和外界离子，而在配离子中，中心离子和配位体都以配位键的形式结合，比较稳定。那么在溶液中，配离子能否再离解？

**案例**

取二支试管，分别加入新配制的硫酸铜氨深蓝色溶液1ml。

在第一支试管中加入少量氢氧化钠溶液，没有蓝色氢氧化铜沉淀生成，仍然是深蓝色溶液。

在第二支试管中加入少量硫化钠溶液，出现黑色硫化铜沉淀。

请问：上述问题说明什么？

在第一支试管中没有蓝色氢氧化铜沉淀生成，说明深蓝色溶液中没有或含极少量铜离子，在另一支试管中加入少量硫化钠溶液，有黑色硫化铜沉淀生成，说明溶液中有少量铜离子存在。以上实验说明，在溶液中铜氨配离子可以微弱离解为中心离子和配位体。

$$[Cu(NH_3)_4]^{2+} \rightleftharpoons Cu^{2+} + 4NH_3$$

配离子在溶液中的离解平衡与弱电解质的离解平衡相似，其离解平衡常数表达式为：

$$K_{不稳} = \frac{[Cu^{2+}][NH_3]^4}{[Cu(NH_3)_4^{2+}]}$$

这个常数越大，表示铜氨配离子越易离解，即配离子越不稳定。故这个常数 $K$ 称为铜氨配离子的不稳定常数，用 $K_{不稳}$ 表示。

在实际工作中，常用稳定常数表示配离子的稳定性。即当铜氨配离子形成时，存在着下列配合平衡：

$$Cu^{2+}+4NH_3 \rightleftharpoons [Cu(NH_3)_4]^{2+}$$

其平衡常数表达式为

$$K_{稳} = \frac{[Cu(NH_3)_4^{2+}]}{[Cu^{2+}][NH_3]^4}$$

这个常数越大，说明生成配离子的倾向越大，而配离子离解的倾向越小，即配离子越稳定。所以，这个常数 $K$ 称为铜氨配离子的稳定常数，用 $K_{稳}$ 来表示。不难看出，$K_{稳}$ 和 $K_{不稳}$ 互为倒数。

$$K_{稳} = \frac{1}{K_{不稳}}$$

稳定常数和不稳定常数在应用上十分重要，使用时注意不要混淆。

配合物的稳定常数一般都比较大，为了书写方便，常用它的对数值 $\lg K_{稳}$ 表示。常见配离子的稳定常数和 $\lg K_{稳}$ 值见表 8-2。

表 8-2　一些常见配离子的 $K_{稳}$ 和 $\lg K_{稳}$ 值

| 配离子 | $[Ag(NH_3)_2]^+$ | $[Zn(NH_3)_4]^{2+}$ | $[Cu(NH_3)_4]^{2+}$ | $[Fe(CN)_6]^{3-}$ |
|---|---|---|---|---|
| $K_{稳}$ | $1.10 \times 10^7$ | $2.87 \times 10^9$ | $2.09 \times 10^{13}$ | $1.00 \times 10^{42}$ |
| $\lg K_{稳}$ | 7.05 | 9.46 | 13.32 | 42.00 |

由此可见，$\lg K_{稳}$ 越大，配合物越稳定。常用 $\lg K_{稳}$ 大小表示配合物稳定性。

# 第二节　螯　合　物

## 一、螯合物的概念

在配合物中，不仅无机化合物可以作为配位体，有机化合物也可以作为配位体。由于有机配位体通常含有 2 个或 2 个以上的配位原子，从而形成更复杂的配合物。例如乙二胺就是一种有机配位体，它每个分子上有两个氨基（—NH₂），其结构式为：

$$H_2N-CH_2-CH_2-NH_2$$

当它与铜离子配合时，每分子乙二胺两个氨基（—NH₂）上的两个氮原子，可以各提供一对未共用的孤对电子与铜离子形成两个配位键，由于两个氮原子（配位原子）在分子中相隔两个其他原子，从而形成具有两个五元环结构的更稳定的配离子，它像螃蟹的两个螯钳，从两边紧紧地把金属离子钳在中间。反应方程式为：

$$Cu^{2+} + 2\ \begin{matrix} CH_2-NH_2 \\ | \\ CH_2-NH_2 \end{matrix} \rightleftharpoons \left[ \begin{matrix} & H_2 & & H_2 & \\ H_2C-N & & N-CH_2 \\ | & & \diagup Cu \diagdown & & | \\ H_2C-N & & N-CH_2 \\ & H_2 & & H_2 & \end{matrix} \right]^{2+}$$

这种具有环状结构的配合物称为螯合物。形成螯合物的配位体称为螯合剂。

## 二、螯合物的形成条件

### （一）螯合物一般应具备下列条件

1. 中心离子必须有空轨道，能够接受配位体提供的孤对电子。

2. 螯合剂必须含有 2 个或 2 个以上的配位原子。

3. 两个配位原子间应间隔 2 个或 3 个其他原子，以便形成稳定的五元环或六元环。

### （二）常见的螯合剂

常见的螯合剂除乙二胺外，还有氨基乙酸，乙二胺四乙酸等。

应用较多的是乙二胺四乙酸（缩写 EDTA），它是一种有机四元酸，每分子上有两个氨基和四个羧基。这种既具有氨基又具有羧基的配合剂称氨羧螯合剂。EDTA 的结构简式是：

$$(HOOCCH_2)_2N-CH_2-CH_2-N(CH_2COOH)_2$$

EDTA 也可以简写为 $H_4Y$，它在水溶液中溶解度较小，通常用它的二钠盐 $Na_2H_2Y \cdot 2H_2O$ 配制 EDTA 标准溶液。

 相关知识链接

### 配位化合物与医学

配位化合物与医学关系密切，人体中存在着很多金属元素，它们与蛋白质、核酸等生物大分子结合形成的配合物发挥着重要的生理作用。如血红素是 $Fe^{2+}$ 的配合物，维生素 $B_{12}$ 是 $Co^{3+}$ 的配合物，胰岛素是 $Zn^{2+}$ 的配合物，还有作为生命催化剂的酶很多也是配位化合物。

科学研究发现，有些配合物具有药理作用，铁的螯合物（即某种生物体与铁的结合）能抑制肿瘤细胞的生长，锰的氨基酸螯合物可迅速被肠道吸收，有效提高维生素等营养物质的利用率。另外，临床上应用配合物转化原理，用能与重金属离子生成更为稳定的螯合物的物质作为重金属中毒解毒药。

生物体内的许多金属离子是以螯合物的形式存在的，并且在临床诊断和治疗上也越来越多地应用配合反应和螯合物药剂。因此，螯合物和医学的关系极为密切。

 本章小结

1. 配位化合物一般由中心离子、配位体和外界离子组成。中心离子和配位体之间以配位键结合。

2. 配离子所带电荷是中心离子与配位体电荷的代数和，数值上与外界离子所带电荷数相等。

3. 配位化合物的命名是自右向左称作"某化某"或"某酸某"。配离子命名是按配位体数→配位体→合→中心离子的顺序命名。

4. 配位平衡常数又称稳定常数，实际应用中常用 $\lg K_稳$ 表示。$\lg K_稳$ 数值越大，配离子越稳定。

5. 螯合物是具有环状结构的配合物。形成螯合物的配位体称为螯合剂。螯合剂必须具备两个条件：①螯合剂分子中必须有 2 个或 2 个以上的配位原子；②两个配位原子间应间隔 2 个或 3 个其他原子。

目标测试

## 一、选择题

1. 配合物的组成中，中心离子一般指的是
   A. 金属离子　　　　　　　　B. 配位体
   C. 内界　　　　　　　　　　D. 外界

2. $[Cu(NH_3)_4]^{2+}$ 离子中金属铜离子的配位数是
   A. 4　　　　　　　　　　　B. 2
   C. 1　　　　　　　　　　　D. 5

3. 在配合物 $K_3[Fe(CN)_6]$ 中，配位体是
   A. $K^+$　　　　　　　　　B. $Fe^{3+}$
   C. $CN^-$　　　　　　　　　D. $[Fe(CN)_6]^{3-}$

4. 配位数是指
   A. 一个中心离子所能结合的配位原子的总数
   B. 中心离子的数目
   C. 配离子的电荷数
   D. 中心离子的电荷数

5. 配位化合物中一定含有
   A. 共价键　　　　　　　　　B. 离子键
   C. 配位键　　　　　　　　　D. 氢键

6. $K_3[Fe(CN)_6]$ 与 $K_4[Fe(CN)_6]$ 配位体的配位数分别是
   A. 3、4　　　　　　　　　B. 4、6
   C. 6、6　　　　　　　　　D. 3、6

7. 下列物质中属于配合物的是
   A. $(NH_4)_2SO_4$　　　　　　B. $[Cu(NH_3)_4]SO_4$
   C. $NH_4Fe(SO_4)_2 \cdot 12H_2O$　D. $CuSO_4 \cdot 5H_2O$

8. 配离子与外界离子之间相结合的化学键是
   A. 离子键　　　　　　　　　B. 共价键
   C. 氢键　　　　　　　　　　D. 配位键

## 二、填空题

1. 配合物一般是由_____和_____组成。

2. 配合物 $[Ag(NH_3)_2]Cl$ 的名称是_____。内界为_____，外界为_____，中心离子为_____，配位体为_____，配位数为_____，中心离子电荷为_____。

3. 配合物的稳定程度通常用_____或_____表示。

4. 乙二胺四乙酸简称_____，是常用的螯合剂。

## 三、简答题

1. 命名下列配合物或配离子
$[Zn(NH_3)_4]SO_4$　　　$[Fe(CN)_6]^{4-}$

$K_3[Fe(F)_6]$ $[Pt(Cl)_6]^{2-}$

2. 什么是配合物？举例说明配合物的组成。

3. 简述螯合物一般应具备的条件。

（王宙清）

# 实验指导

化学实验课是无机化学教学过程中的重要组成部分。通过实验可以帮助学生理解和巩固所学到的化学知识;掌握实验的基本方法和基本技能;培养学生观察、比较和分析客观事物及解决实际问题的能力,养成理论联系实际的学风和实事求是的工作作风。

## 一、化学实验室规则

### (一)实验规则

1. 实验前必须认真阅读实验指导和有关理论知识,明确实验目的、原理,了解实验步骤、操作方法、预测结果及注意事项。

2. 进入实验室要按规定着装,遵守纪律,保持安静,不做与实验无关的其他事情。

3. 实验前,应检查仪器、药品是否齐全,如有缺少或破损,及时登记,补领或调换。

4. 认真听取指导教师讲解实验内容、原理、方法、步骤及注意事项。

5. 不得擅自使用与本次实验无关的仪器、药品和其他器材。

6. 实验时全神贯注,严格按照操作规程和实验步骤进行实验,实验中井然有序和合理安排时间。

7. 讲究科学、严肃、认真进行操作,注意安全,如实记录实验结果。

8. 爱护仪器、节约用药,不浪费水、电和煤气,实验室内一切物品未经教师允许,不准带出室外。

9. 实验完毕,洗净仪器,整理好实验用品和实验台,值日生整理好卫生,关好水、电、门、窗。

10. 认真写好实验报告,按时交给教师审阅。

### (二)试剂使用规则

1. 使用试剂前看清标签上的名称和浓度,切勿弄错。

2. 取出试剂后,立即将瓶盖盖好,放回原处。未用完试剂不得倒回瓶内,倾倒在指定的容器内,决不允许将试剂任意混合。

3. 取用固体药品要用干净药匙,用后立即擦洗干净;取用液体试剂要用滴管或吸管,滴管应保持垂直,不可倒立,不能触及所用的容器器壁。同一吸管未洗净时,不得吸取其他试剂瓶中的试剂,以免污染。

4. 使用腐蚀性药品及易燃、易爆药品时,要小心谨慎,严格遵守操作规程,遵从教师指导。

### (三)实验安全规则

1. 应用易燃易爆物品时,应禁明火,远离火源。

2. 产生有毒或刺激性气体的实验,应在通风橱内进行。

3. 加热或倾倒液体时,切勿俯视容器,以防液滴飞溅造成伤害。加热试管时,不要将试管口对着自己或他人。

4. 稀释硫酸时,应将浓硫酸慢慢注入水中,且不断搅拌,切勿将水注入浓硫酸。

5. 不允许任意混合各种化学试剂,不得品尝试剂味道。闻气体时,试管口应离面部20厘米左右,用手扇闻,不得直接对着容器口闻。

6. 如果强酸溅到皮肤上,立即擦去酸滴,用水冲洗,再用20g/L的碳酸氢钠溶液清洗;如果强碱溅到皮肤上,立即用水冲洗,并用20g/L醋酸溶液清洗。若酸或碱溅入眼内,立即用大量水冲洗,再用饱和碳酸氢钠(或硼酸)溶液冲洗,最后再用水冲洗,并立即就医。

7. 若玻璃割伤,挑出玻璃碎片,进行简单的消毒和包扎处理;若被烫伤,切勿用水冲洗,可在烫伤处用高锰酸钾溶液擦洗,再涂上凡士林、烫伤膏等。

8. 实验室严禁饮食,不准吸烟。

9. 实验完毕,洗净双手。离开实验室前,要关好门窗,切断电源、水源,关好气阀,确保安全。

10. 实验室所有仪器药品不得带出室外,剩余有毒药品交给指导教师处理。

## 二、无机化学实验常用仪器

无机化学常用仪器见实验表1。

实验表1　化学实验仪器简介

| 名称 | 注意事项 |
| --- | --- |
| <br>酒精灯 | 1. 酒精灯内的酒精不超过容积的2/3;<br>2. 禁止向燃着的酒精灯内添加酒精,应借助漏斗添加酒精;<br>3. 用火柴点燃,禁止用燃着的酒精灯引燃另一盏酒精灯;<br>4. 用灯帽盖灭,不可用嘴去吹;<br>5. 不用时,盖上灯帽,防止酒精挥发。 |
| <br>试管 | 1. 试管外壁擦干,用试管夹夹住,先预热,再集中在药品部位加热;<br>2. 反应液体不超过试管容积的一半,加热时不超过1/3,管口与桌面成45°;加热固体时,药品平铺管底,管口稍低于管底,不能将试管口对着人;<br>3. 振荡试管应通过手腕抖动进行;<br>4. 加热完毕应将试管放在试管架上,不能直接用冷水冲洗。 |
| <br>烧杯 | 1. 不可直接加热,需垫上石棉网,且加热前应擦干外壁和底部;<br>2. 用玻璃棒搅拌杯内液体时,应轻轻沿同一方向进行。 |

续表

| 名称 | 注意事项 |
|---|---|
| 量筒　　　量杯 | 1. 不能加热，也不能量取热的液体；<br>2. 平放实验桌上，先倒后滴；<br>3. 读数时，平视凹液最低处，三线一齐。 |
| 铁架台 | 1. 铁圈、铁架的位置要合适；<br>2. 用铁夹夹持仪器时，力度要适中；<br>3. 加热后的铁圈避免撞击或骤冷。 |
| 试管夹 | 1. 应在离管口 1/3 处；<br>2. 要从试管底部套上或取下；<br>3. 手握试管夹长柄部分；<br>4. 防烧损。 |
| 试管刷 | 手持试管刷的部位要合适，防止顶部铁丝撞破试管。 |
| 药匙 | 1. 要保持干燥、清洁；<br>2. 用完后应洗净、干燥后再使用。 |

| 名称 | 注意事项 |
|---|---|
| <br>滴管 | 1. 滴加试剂时，滴管口要垂直向下，滴液不能成流，不要接触容器壁；<br>2. 专管专用。 |
| <br>滴瓶 | 1. 滴管和滴瓶要配套，用后立即将滴管插入原滴瓶；<br>2. 见光易分解的物质放在棕色滴瓶中。 |
| <br>研钵 | 1. 不可加热；<br>2. 不可作反应容器；<br>3. 不可将易爆物质混合研磨；<br>4. 不可敲击被研磨物质。 |
| 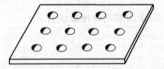<br>点滴板 | 1. 常用白色点滴板；<br>2. 有白色沉淀的反应用黑色点滴板；<br>3. 试剂量一般为 2～3 滴。 |
| 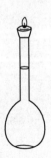<br>容量瓶 | 1. 将溶液先在烧杯中溶解，然后移入容量瓶；<br>2. 不能加热；<br>3. 不能代替试剂瓶来存放溶液。 |

续表

| 名称 | 注意事项 |
|---|---|
| 吸量管、移液管 | 1. 取洁净的吸量管，用少量被移取的液体淋洗2～3次；<br>2. 将液体吸入，液面超过刻度，再用示指按住管口，轻轻转动放气，使液面降至刻度后，用示指按住管口，移至指定容器中，放开示指，使液体沿容器壁自动流下；<br>3. 一般吸量管残留的最后1滴液体，不吹出，有"吹"字的要吹出。 |
| 分液漏斗 | 1. 不能加热；<br>2. 旋塞处涂一层凡士林以防漏液；<br>3. 分液时，下层液体从漏斗管流出，上层液体从上口倒出；<br>4. 在气体发生装置中漏斗颈应插于液面下。 |
| 表面皿 | 1. 不能直接加热<br>2. 不能用做蒸发皿 |
| 蒸发皿 | 1. 承液量不超过容积的2/3<br>2. 可直接加热<br>3. 加热过程中要不断搅拌<br>4. 接近蒸干时，停止加热，利用余热蒸干 |
| 试剂瓶 | 1. 不能直接加热；<br>2. 瓶塞不能互换；<br>3. 不能做反应容器；<br>4. 盛放碱液应使用橡皮塞；<br>5. 不用时应洗净并在磨口塞与瓶颈间垫上纸条。 |
| 漏斗 | 1. 不能直接加热；<br>2. 过滤时，滤纸边缘低于漏斗边缘，液面低于滤纸边缘。 |

# 实验1　化学实验的基本操作

【实验目的】

1. 明确并自觉遵守实验室规则。
2. 熟练进行玻璃仪器的洗涤和干燥。
3. 能正确使用托盘天平、量筒等仪器。
4. 通过粗盐提纯，掌握研磨、称量、溶解、过滤、蒸发、结晶等基本操作。

【实验准备】

1. 仪器　托盘天平、药匙、试管、烧杯、量筒、酒精灯、玻璃棒、胶头滴管、表面皿、蒸发皿、漏斗、铁架台、研钵、石棉网、滤纸、试管夹、试管刷。
2. 试剂　蒸馏水、粗盐、酒精。

【实验学时】　2学时

【实验方法与结果】

## 一、玻璃仪器的洗涤和干燥

化学实验所用仪器的干净程度直接影响着实验结果准确性，因此，在实验前后必须认真洗涤仪器。仪器干净标准：内壁附着的水要均匀，不应挂有水珠。

1. 洗涤方法　按照冷却 - 倾去废物 - 用水冲洗 - 刷洗 - 用水冲洗的顺序。刷洗时，不可用力过猛，以免戳破管底。若仪器内壁附有不溶于水的碱、碳酸盐等，可先用少量稀盐酸溶解，再用水冲洗；若附有油污，可用刷子蘸少量去污粉刷洗，再用水冲洗；顽固性污垢，用重铬酸钾洗液浸泡后，再刷洗。

2. 干燥方法

(1) 晾干：洗净的仪器可倒置在仪器架上，任期自然晾干。

(2) 烘干：急用仪器可放在电烘箱内烘干。

(3) 烤干：烧杯和蒸发皿可放在石棉网上用小火烤干；试管烤干时管口低于管底，管口向上赶尽水汽。

(4) 吹干：带有刻度的计量仪器可采用电吹风吹干。

## 二、试剂的取用

取用药品的"三不"原则：不触不尝不猛闻；实验剩余药品"三不"原则：不丢不回不带走。

### （一）固体药品的称量和取用

1. 托盘天平的使用

托盘天平是常用的称量仪器（如实验图1-1），用于精确度不高的称量，一般能精确到0.1g。

(1) 准备：把天平放平稳，将游码移至游码标尺的零位上。当指针在零点或在标尺左右两边摆动的格数相等时，即可称量。如果不平衡，可调节托盘下的平衡螺丝，直到平衡。

(2) 称量：被称药品放在左盘，砝码放在右盘（用砝码专用镊子夹取砝码），5g以下使用游码。药品不能直接放在托盘上，应放在称量纸或表面皿上。加砝码应按由小到大顺序，再移动游码至天平平衡。游码和砝码质量之和即为被称物体的质量。

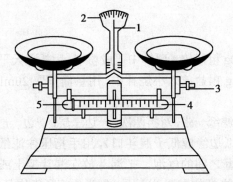

1. 指针　　2. 标尺　　3. 平衡调节螺丝　　4. 游码标尺　　5. 游码

实验图 1-1　托盘天平

称量完毕,把砝码依次放回盒内,游码移至零位,清洁托盘天平,两托盘叠放在一侧,以免磨损天平刀口。

2. 固体药品的取用

试管放平,将盛有药品的药匙或纸槽平伸入试管底部,使试管直立,药品即顺势落到试管底部(如实验图 1-2)。

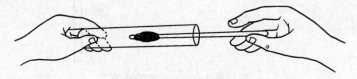

实验图 1-2　固体药品的取用

**（二）液体试剂量取**

1. 用胶头滴管取液体　先用拇指和示指捏瘪橡皮乳胶头,挤出滴管中的空气,将滴管伸入液面下,再轻轻放开手指,液体被吸入滴管。再将滴管升起垂直悬空逐滴滴入试管中。不能滴管插入试管中,滴管尖嘴不得接触容器壁。

2. 用量筒量取液体　粗略量取一定体积的液体可用量筒,可准确到 0.1ml,按所需液体体积选择大小恰当的量筒。量取液体时,量筒应放平稳,观察和读数时,视线应与量筒内液体凹面最低处保持水平。当液体接近刻度线时,改用胶头滴管边滴边看,当凹面最低处与所需刻度线相切时,即停止滴加(如实验图 1-3)。

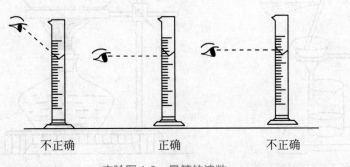

不正确　　　　正确　　　　不正确

实验图 1-3　量筒的读数

### 三、粗盐提纯

1. **研磨和称量**　取 10g 粗盐放入研钵中研成粉末,用托盘天平称取 5g 研成粉末的粗盐。

2. **溶解**　将称好的 5g 粗盐放入小烧杯中,用量筒量取 20ml 蒸馏水倒入烧杯中,用玻璃棒搅拌使其溶解。

3. **过滤**　根据漏斗取滤纸一张,对折两次,一边三层,一边一层展开滤纸(如实验图1-4),尖端向下放在漏斗中(滤纸边缘应低于漏斗口),用手指压住滤纸并用蒸馏水润湿,使其紧贴在漏斗壁上,赶去纸和壁之间的气泡。把漏斗放在漏斗架上或铁架台的铁圈上,调整好适当的高度。取一只干净烧杯放在漏斗下面,漏斗颈部紧靠烧杯内壁。将玻璃棒下端轻触三层滤纸处,将粗盐溶液引流入漏斗中(液面应低于滤纸边缘)(如实验图1-5)。

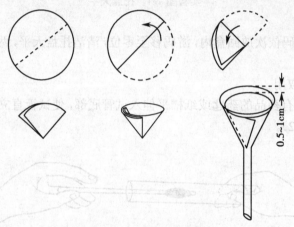

实验图1-4　过滤器的准备

4. **蒸发结晶**　将滤液倒入干净的蒸发皿中,将蒸发皿放在铁圈上,用酒精加热蒸发浓缩,不断用玻璃棒搅拌,快要蒸干时,停止加热,用余热将残留的少量水蒸干,即得到纯白的精制食盐(如实验图1-6)。

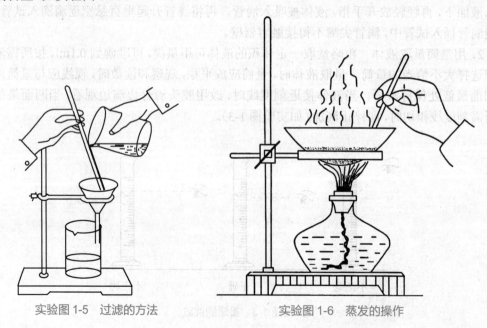

实验图1-5　过滤的方法　　　　　　实验图1-6　蒸发的操作

【实验评价】

1. 能否正确使用天平、量筒、烧杯、酒精灯等仪器。

2. 过滤器制作、过滤方法是否正确。

3. 能否正确使用玻璃棒进行引流。

4. 读取量筒内液体体积数据方法是否正确。

5. 蒸发过程中，是否用玻璃棒搅拌。

# 实验 2　溶液的配制和稀释

【实验目的】

1. 学会正确使用吸量管、移液管和容量瓶。

2. 掌握溶液配制和稀释的主要操作步骤。

【实验准备】

1. 仪器　托盘天平、烧杯、玻璃棒、100ml 量筒、100ml 容量瓶、胶头滴管、2ml 吸量管、药匙、洗耳球。

2. 试剂　NaCl 固体、45g/L NaCl 溶液。

【实验学时】　2 学时

【实验方法与结果】

## 一、几种量器的使用方法

1. 吸量管和移液管　吸量管和移液管是常用的准确量取一定体积液体的量具。吸量管有刻度，又叫刻度吸管；移液管中间膨大，只有一个标线，又称肚形吸管。

（1）使用前：检查管尖是否完好，有破损的不能使用；用水洗净并用待量取液洗 2～3 次（每次 2～3ml），以确保移取液浓度准确。

（2）吸取和转移液体：吸取液体时，用右手拇指及中指捏住吸量管（或移液管）刻度线以上部分，左手拿洗耳球，将吸量管（或移液管）插入待吸液中。先压出洗耳球内的空气，把球的尖口紧接吸量管（或移液管）的口，松开手指，使溶液吸入管内（如实验图 2-1），当液面超过刻度线（或标线）1～2cm 时，移去吸耳球，立即用右手的示指按住管口，左手放下吸耳球，右手垂直拿紧吸量管或移液管，使管尖移出液面，稍减示指压力，使液面缓慢下降至与刻度线（或标线）相切，按紧示指使液体不再流出。

把吸量管（或移液管）移至另一稍微倾斜的容器中，使管尖靠在容器内壁，吸量管（或移液管）保持垂直，松开示指，使溶液沿容器壁自动流尽，等待 15 秒，取出吸量管（或移液管）。一般吸量管残留的最后一滴液体不要吹出，管上标有"吹"字的要吹出（如实验图 2-2）。

（3）用毕立即清洗干净，搁置在专用架上备用。

2. 容量瓶　常用于准确配制一定体积、一定浓度的溶液。

（1）用前应检查是否漏水：瓶内注入适量的水，盖好瓶塞。用示指按住瓶塞，另一只手拿住瓶底，把瓶倒立摇动，经检查不漏水的容量瓶方可使用。容量瓶瓶塞常用橡皮筋系在瓶颈上，防止打破或污染。

（2）溶液配制：若试剂是固体，先将称量好的试剂在烧杯中溶解，然后将溶液在玻璃棒引流下，转移至容量瓶中，用少量蒸馏水洗涤烧杯 2～3 次，洗涤液移入容量瓶中（如实验图

2-3）；若是液体试剂，用吸量管（或移液管）量取，移入溶量瓶中，加入蒸馏水。摇动溶量瓶使溶液混合均匀。向容量瓶中缓缓注入蒸馏水到刻度线下 1～2cm 处，改用胶头滴管滴加蒸馏水到凹液面最低处与标线平视相切。最后盖好瓶塞，将容量瓶倒转摇动数次，使溶液混匀（如实验图 2-4）。

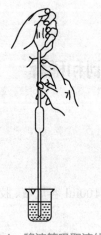

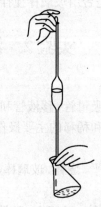

实验图 2-1  移液管吸取液体　　　　　实验图 2-2  移液管放液

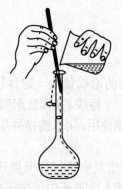

实验图 2-3  转移液体至容量瓶　　　　实验图 2-4  容量瓶溶液混匀

## 二、溶液的配制

配制 9g/L 的 NaCl 溶液 100ml。

### （一）实验方法

1．计算　算出配制 9g/L 的 NaCl 溶液 100ml 所需 NaCl 质量。

2．称量　用托盘天平称取所需 NaCl 的质量，放入 50ml 烧杯中。

3．溶解　用量筒量取 20ml 蒸馏水倒入烧杯中，用玻璃棒不断搅拌使 NaCl 完全溶解。

4．转移　用玻璃棒将烧杯中的 NaCl 溶液引流入 100ml 量筒中，然后用少量蒸馏水洗涤烧杯 2～3 次，洗涤液都注入量筒中。

5．定容　继续往量筒中加入蒸馏水，加到离刻度线约 1～2cm 处时，改用胶头滴管滴加蒸馏水至溶液凹液面最低处与刻度线平视相切。

6．混匀　用玻璃棒搅拌混匀，即得 100ml 质量浓度为 9g/L 的 NaCl 溶液。

将配好的溶液倒入指定的回收瓶中。

（二）实验结果

配制 9g/L 的 NaCl 溶液 100ml 所需 NaCl 质量是 0.9g。

## 三、溶液的稀释

用浓盐酸配制 0.2mol/L 盐酸溶液 100ml。

### （一）实验步骤

1. 计算 算出配制 0.2mol/L 盐酸溶液 100ml 需用质量分数 0.37，密度 1.19kg/L 浓盐酸的体积。

2. 移取 用 2ml 吸量管吸取所需浓盐酸的体积，并移至 100ml 容量瓶中。

3. 定容 往容量瓶中加入蒸馏水，加到离标线约 1cm 处时，改用胶头滴管滴加蒸馏水至溶液凹液面最低处与标线平视相切，盖好瓶塞，将溶液混匀。

4. 装瓶 将配制好的溶液装入试剂瓶中，贴上标签（标有溶液名称、浓度和配制日期）。

### （二）实验结果

配制 0.2mol/L 盐酸溶液 100ml 需用质量分数 0.37，密度 1.19kg/L 浓盐酸的体积为 1.68ml。

【实验评价】

1. 实验所用试剂、仪器是否准备齐全，实验台面是否摆放整齐。

2. 能否正确运用公式算出所需 NaCl 的量。

3. 能否正确使用天平、量筒、胶头滴管、容量瓶、烧杯、吸量管等仪器。

4. 能否正确用玻璃棒引流。

5. 读取量筒、容量瓶内液体体积数据时方法是否准确。

# 实验 3 氧化还原反应

【实验目的】

1. 进行几种常见氧化剂和还原剂实验，加深对物质氧化还原性的理解。

2. 比较高锰酸钾在酸性、中性和强碱性溶液中的氧化性，观察它们的反应生成物。

【实验准备】

1. 药品 铜片、浓硝酸、浓硫酸、0.1mol/L 硫酸亚铁、3mol/L 硫酸、0.5mol/L 硫酸溶液、0.05mol/L 亚硫酸钠、0.2g/L 高锰酸钾、30g/L 过氧化氢、0.1mol/L 硫氰酸铵、6mol/L 氢氧化钠、0.5mol/L 重铬酸钾、0.1mol/L 硝酸铅、0.1mol/L 硫化钠、1mol/L 碘化钾、1mol/L 硫酸铁、1mol/L 硫代乙酰胺。

2. 仪器 试管、试管架、药匙、酒精灯、试管夹、烧杯。

【实验学时】 2 学时

【实验方法与结果】

### （一）高价态物质的氧化性

1. 氧化性酸 取二支试管，分别加入浓硝酸和浓硫酸 1ml，各加入铜片 1 小块，观察现象，写出化学反应方程式，指出反应中的氧化剂和还原剂。

2. 高价盐 取二支试管，分别加入 0.5mol/L 重铬酸钾 5 滴，3mol/L 硫酸 5 滴，然后在第一支管中加入 0.05mol/L 亚硫酸钠 4 滴，在第二支试管中加入 1mol/L 碘化钾 2 滴，观察现象，写出化学反应方程式，指出反应中的氧化剂和还原剂。

**（二）低价态物质的还原性**

1. 还原性酸　取一支试管，加入 1mol/L 硫酸铁 1ml 和 1mol/L 硫代乙酰胺 10 滴（硫代乙酰胺在酸性溶液中受热产生 $H_2S$），水浴中微热，观察现象，并解释之。

2. 低价盐　在试管中加入 0.1mol/L 硫酸亚铁 2 滴，加 3mol/L 硫酸 2 滴，再加 0.1mol/L 硫氰酸铵试液 2 滴，摇匀，然后滴加 30g/L 过氧化氢溶液 4 滴，观察颜色变化，并加以说明。

**（三）中间价态物质的氧化还原性**

1. 过氧化氢的氧化性　取一支试管，加入 0.1mol/L 硝酸铅溶液和 0.1mol/L 硫化钠溶液各 5 滴，有何现象发生？再加入 5 滴 30g/L 过氧化氢溶液，摇匀，观察现象，并解释之。

2. 过氧化氢的还原性　取一支试管，加入 5 滴 0.2g/L 高锰酸钾溶液，3mol/L 硫酸溶液 3 滴。再加入 30g/L 过氧化氢溶液 3 滴，摇匀，观察现象，并解释之。

**（四）高锰酸钾在酸性、强碱性和中性溶液中的氧化性及还原产物**

1. 高锰酸钾在酸性溶液中的氧化性　取一支试管，加入 0.05mol/L 亚硫酸钠溶液 1ml 和 0.5mol/L 硫酸溶液 1ml，再加入 0.2g/L 高锰酸钾溶液 4 滴，观察溶液颜色变化，写出化学反应方程式，指出反应中的氧化剂、还原剂和还原产物。

2. 高锰酸钾在中性溶液中的氧化性　用蒸馏水 1ml 代替 0.5mol/L 硫酸溶液进行同样的实验，观察溶液颜色变化，写出化学反应方程式，指出反应中的氧化剂、还原剂和还原产物。

3. 高锰酸钾在强碱性溶液中的氧化性　用 6mol/L 氢氧化钠溶液 1ml 代替 0.5mol/L 硫酸溶液进行同样的实验，观察溶液颜色变化，写出化学反应方程式，指出反应中的氧化剂、还原剂和还原产物。

根据以上三个实验，归纳高锰酸钾在不同酸碱性溶液中的氧化性和还原产物。

【实验评价】

1. 是否严格按规范使用浓硫酸和浓硝酸。

2. 是否加深了对物质氧化还原性的理解。

3. 是否掌握了常见氧化剂、还原剂的特性。

# 实验4　元素及其化合物

【实验目的】

1. 掌握金属钠及过氧化钠的性质。

2. 熟练地进行卤离子的鉴别实验。

3. 认识氯、溴、碘之间的置换反应，并能独立进行实验操作。

4. 了解漂白粉的漂白作用。

5. 掌握过氧化氢的氧化性、还原性实验操作。

6. 会进行浓硫酸的特性试验。

7. 掌握过氧化氢及硫酸根离子的鉴定方法。

【实验准备】

1. 仪器　金属镊子，玻璃片、小刀、火柴、烧杯、试管、酒精灯、点滴板、试管夹、试管、玻璃棒。

2．试剂  紫色石蕊试液、酚酞、金属钠、漂白粉、氯水、溴水、淀粉试液、CCl₄、红色石蕊试纸

0.1mol/L 的溶液：AgNO₃、NaCl、NaBr、KI

3mol/L 的溶液：H₂SO₄、HNO₃

其他：有色布条

0.1mol/L KI、30g/L H₂O₂、5g/L 淀粉溶液、0.01mol/L KMnO₄、1mol/L H₂SO₄、0.1mol/L K₂Cr₂O₇（重铬酸钾）、乙醚、浓 H₂SO₄、Zn 粒、Cu 片、0.1mol/L Na₂SO₄、0.1mol/L BaCl₂、6mol/L HCl、蓝色石蕊试纸。

【实验学时】  2 学时

【实验内容和步骤】

1．金属钠的性质

（1）钠的强还原性：用镊子取一小块金属钠，滤纸吸去表面的煤油，放在玻璃片上，用小刀切开，观察现象。

（2）钠与水的反应：在小烧杯中加入 20ml 水，将上述切好的金属钠放入烧杯中，观察现象。

2．过氧化钠的性质  取一支试管加入 1ml 紫色石蕊试液，加入过氧化钠粉末，用带有余烬的火柴杆插入试管中，观察现象。

3．漂白粉的性质  取少量漂白粉固体放入小烧杯中，加入少量的水使之溶解，滴加 3mol/L 的硫酸数滴，放入有色布条，数分钟后，取出布条，观察布条的颜色。

4．氯、溴、碘之间的置换反应

（1）在 2 支试管中，分别加入 0.1mol/L 的 NaBr 和 KI 溶液各 1ml，然后各加入 5 滴新制氯水，振荡，再加入 1ml CCl₄。充分振荡，静止后观察 CCl₄ 层的颜色。

（2）取 1 支试管加入 1ml 0.1mol/L 的 KI 溶液，加入几滴溴水，振荡后再加入 1 滴淀粉溶液，观察现象。

5．卤离子的鉴定

（1）取 3 支试管，分别加入 0.1mol/L 的 NaCl、NaBr、KI 各 1ml，再加入 0.1mol/L 的 AgNO₃ 数滴，观察析出沉淀的颜色。在上述试管中各加 3mol/L 的 HNO₃ 数滴，观察沉淀是否溶解。

（2）取 2 支试管，分别加入 0.1mol/L 的 NaCl 和 Na₂CO₃ 各 1ml，然后加入 2 滴 0.1mol/L 的 AgNO₃ 溶液 3 滴，观察 2 支试管是否有沉淀生成。在上述试管中加入 3mol/L 的 HNO₃ 数滴，振荡，观察现象。

6．过氧化氢的氧化性、还原性和检验

（1）氧化性：在试管中加入 0.1mol/L KI 溶液约 1ml，加 3～5 滴 1mol/L H₂SO₄ 酸化，加入 2～3 滴 30g/L H₂O₂ 溶液，观察现象；再加入 2 滴淀粉溶液，又有什么现象发生？写出化学反应方程式。

（2）还原性：在试管中加入 0.01mol/L KMnO₄ 溶液约 1ml，用 1mol/L H₂SO₄ 酸化后，逐滴加入 30g/L H₂O₂ 溶液，边加边振荡，到溶液颜色消失为止。写出化学反应方程式。

（3）过氧化氢的检验：在 1 支试管中加入约 2mL 蒸馏水后，加入 0.1mol/L K₂Cr₂O₇ 溶液和 1mol/L H₂SO₄ 各 1 滴，再加入 1ml 乙醚，最后加入 3～5 滴 30g/L H₂O₂ 溶液，振荡后观察乙醚层的颜色。写出化学反应方程式。

7．浓硫酸的特性

（1）浓硫酸的稀释：在 1 支试管中加入约 5ml 蒸馏水，然后小心沿试管壁慢慢加入浓

$H_2SO_4$ 约 1ml,轻轻振荡,用手触摸试管外壁温度的变化。

(2)浓硫酸的脱水性:用玻璃棒蘸取浓 $H_2SO_4$ 在纸上写字,观察字迹变化并解释发生上述现象的原因。

(3)浓硫酸与活泼金属的作用:在试管中加入约 1ml 浓 $H_2SO_4$,小心加入 1 粒 Zn 粒,微热,观察现象。写出化学反应方程式。

(4)浓硫酸与不活泼金属的作用:在 1 支试管中加入浓 $H_2SO_4$ 约 1ml 和 Cu 片,在酒精灯上加热(管口不要对着人),用湿润的蓝色石蕊试纸在试管口检验所生成的气体,观察发生的现象。片刻后停止加热,待试管冷却后将溶液沿试管壁倒入另一盛有 5ml 水的试管中,观察溶液的颜色。写出化学反应方程式。

8.$SO_4^{2-}$ 鉴定  在 1 支试管中加入 0.1mol/L $Na_2SO_4$ 溶液 10 滴和 0.1mol/L $BaCl_2$ 溶液 2 滴,放置几分钟,用滴管吸去试管中的上层清液,在沉淀中加入 6mol/L HCl 溶液 10 滴并加热。若沉淀不发生溶解,则说明原待检液含 $SO_4^{2-}$。写出化学反应方程式。

【实验评价】

1.能否正确鉴定卤离子、硫酸根离子。

2.能否正确检验过氧化氢。

3.通过卤素之间的置换反应,能否正确推断卤素活泼性的强弱。

4.能否正确判定浓硫酸的特性。

# 实验5  化学反应速率和化学平衡

【实验目的】

1.进行浓度、温度、催化剂对化学反应速率影响的实验操作。

2.进行验证浓度、温度对化学平衡影响的实验操作。

3.练习水浴加热和对照实验。

4.培养学生观察和分析问题的能力。

【实验用品】

1.仪器  试管、温度计、烧杯、药匙、量筒、酒精灯、铁架台、玻璃棒、滴管、二氧化氮平衡仪。

2.试剂 0.1mol/L$Na_2S_2O_3$、0.1mol/L$H_2SO_4$、0.3mol/L$FeCl_3$、1mol/LKSCN、质量分数为 3% $H_2O_2$、$MnO_2$、KCl 晶体。

【实验内容】

(一)影响化学反应速率的因素

1.浓度对化学反应速率的影响  取 2 支试管,编为 1、2 号,并按下表数量要求加入 0.1mol/L$Na_2S_2O_3$ 溶液和蒸馏水并振荡摇匀。

再另取 2 支试管,各加入 0.1mol/L$H_2SO_4$ 溶液 2ml,分别同时倒入 1、2 号试管中,摇匀,观察 2 支试管中浑浊现象出现的先后顺序,并填入下表。

| 试管号 | $Na_2S_2O_3$ 溶液 | 蒸馏水 | $H_2SO_4$ 溶液 | 出现浑浊的先后顺序 |
|---|---|---|---|---|
| 1 | 4ml | — | 2ml | |
| 2 | 2ml | 2ml | 2ml | |

2．温度对化学反应速率的影响　另取 2 支试管，编为 3、4 号，分别加入 0.1mol/L Na₂S₂O₃ 溶液 2ml，3 号试管置于室温，4 号试管放入高于室温 20℃的水浴中加热，几分钟后，同时向 3、4 号试管中各加入 1ml 0.1mol/L H₂SO₄，摇匀，观察浑浊出现的先后顺序，并填入下表。

| 试管号 | Na₂S₂O₃ 溶液 | H₂SO₄ 溶液 | 温度 | 出现浑浊的先后顺序 |
|---|---|---|---|---|
| 3 | 2ml | 1ml | 室温 | |
| 4 | 2ml | 1ml | 室温＋20℃ | |

3．催化剂对化学反应速率的影响　取 2 支试管，各加入质量分数为 3 % 的 H₂O₂ 溶液各 2ml，其中一支加入少量 MnO₂，观察 2 支试管生成气体的先后顺序，并用带火星的木条检验氧气的生成。

（二）影响化学平衡的因素

1．浓度对化学平衡的影响　在一只小烧杯中，加入 0.3mol/L FeCl₃ 溶液和 1mol/L KSCN 溶液各 5 滴，再加入 20ml 蒸馏水稀释并摇匀。将此溶液分装于 4 支试管中，编为 1、2、3、4 号，4 号试管留作对照用，然后按下表操作，并完成下表。

| 试管号 | 加入试剂 | 现象 | 化学平衡移动方向 |
|---|---|---|---|
| 1 | 0.3mol/L FeCl₃ 溶液 3 滴 | | |
| 2 | 1mol/L KSCN 溶液 3 滴 | | |
| 3 | 少许 KCl 晶体 | | |
| 4 | 用作对照 | | |

2．温度对化学平衡的影响　充有 NO₂ 和 N₂O₄ 混合气体的平衡仪，在室温下达到化学平衡时，颜色是一定的。将平衡仪连通管活塞关闭，并将其一端烧杯放在装有热水的烧杯中，另一端放在装有冰水的烧杯中，观察颜色变化，与在室温下的平衡仪颜色作对照，并完成下表。

| 反应条件 | 现象 | 化学平衡移动的方向 |
|---|---|---|
| 热水中 | | |
| 冰水中 | | |

【注意事项】
1．做浓度、温度对化学反应速率影响的实验时，2 支试管的试剂总量要保持相等。
2．做浓度对化学平衡的影响实验时，4 支试管分装的血红色溶液的量要相等。

# 实验6　电解质溶液

【实验目的】
1．学会区别强电解质和弱电解质。
2．学会用酸碱指示剂、pH 试纸测定溶液的酸碱性。

3．验证不同类型盐溶液的酸碱性。

4．验证缓冲溶液的缓冲作用。

【实验准备】

1．仪器　试管、100ml 烧杯、量筒、点滴板、滴管。

2．药品　CH₃COO H（1mol/L）、CH₃COOH（0.1mol/L）、HCl（1mol/L）、HCl（0.1mol/L）、NH₃·H₂O（0.1mol/L）、CH₃COONa（0.1mol/L）、NaOH（0.1mol/L）、NaHCO₃（0.1mol/L）、NaCl（0.1mol/L）、NH₄Cl（0.1mol/L）溶液、蒸馏水。大理石颗粒、红色石蕊试纸、蓝色石蕊试纸、酚酞、甲基橙、pH 试纸。

3．环境　清洁、明亮。

【实验学时】　2 学时

【实验方法与结果】

（一）强电解质和弱电解质的区别

取 2 支试管，分别加入 1mol/L HCl 和 1mol/LCH₃COO H 各 1ml，再各加入同样大小的大理石一粒。观察两支试管的反应情况，哪支试管产生的气体较多？说明原因。

（二）溶液的酸碱性及酸碱指示剂

1．常用指示剂在酸碱溶液中颜色的变化

①取 3 支试管，各加入 1ml 蒸馏水和 1 滴甲基橙试液，观察其颜色。然后在其中一支试管中加入 2 滴 0.1mol/L HCl 溶液；在另一支试管中加入 2 滴 0.1mol/L NaOH 溶液，观察颜色的变化，并记录在下表中。

②取 3 支试管，各加入 1ml 蒸馏水和 1 滴酚酞试液，观察其颜色。然后在其中一支试管中加入 2 滴 0.1mol/L HCl 溶液；在另一支试管中加入 2 滴 0.1mol/L NaOH 溶液，观察颜色的变化，并记录在下表中。

③取 3 支试管，各加入 1ml 蒸馏水和 2 滴石蕊试液，观察其颜色。然后在其中一支试管中加入 2 滴 0.1mol/L HCl 溶液；在另一支试管中加入 2 滴 0.1mol/L NaOH 溶液，观察颜色的变化，并记录在下表中。

| 溶液 | 甲基橙 | 酚酞 | 石蕊 |
|---|---|---|---|
| 蒸馏水 | | | |
| 盐酸 | | | |
| 氢氧化钠 | | | |

2．用 pH 试纸测定溶液近似 pH

取 pH 试纸 5 片放入点滴板的小孔内，每孔 1 片。分别滴加 0.1mol/L HCl、CH₃COO H、NaOH、NH₃·H₂O 溶液和 H₂O。将试纸颜色与比色卡对照，测得的溶液近似 pH，并填写在下表中，与理论值比较。

| pH | 醋酸 | 盐酸 | 纯水 | NH₃·H₂O | NaOH |
|---|---|---|---|---|---|
| 测得值 | | | | | |
| 理论值 | 2.88 | 1.0 | 7.0 | 11.12 | 13.0 |

## （三）盐类的水解

取红色石蕊试纸、蓝色石蕊试纸及 pH 试纸各 3 片，分别放在点滴板上，每孔 1 片，再分别滴加 1 滴 0.1mol/L 碳酸氢钠、0.1mol/L 氯化钠和 0.1mol/L 氯化铵溶液，观察试纸颜色的变化，把结果填入表内。

| 溶液 | 红色石蕊试纸 | 蓝色石蕊试纸 | pH 值 | 酸碱性 |
|---|---|---|---|---|
| 碳酸氢钠 | | | | |
| 氯化钠 | | | | |
| 氯化铵 | | | | |

## （四）缓冲溶液

在烧杯中加入 6ml 0.1mol/L $CH_3COOH$ 和 6ml 0.1mol/L $CH_3COONa$，搅匀，用 pH 试纸测定其 pH，然后将溶液平分于三支试管中，①第一支试管中加入 10 滴 0.1mol/L HCl，摇匀，测其 pH 值；②第二支试管中加入 10 滴 0.1mol/LNaOH，摇匀，测其 pH 值；③第三支试管中加入 10 滴蒸馏水，测其 pH 值。

另取二支试管，分别加入 10ml 蒸馏水，用 pH 试纸测定其 pH 值，然后重复上述实验①和②，并将实验结果记录在表格内。

| 溶液 | pH | 试管编号 | 操作 | pH |
|---|---|---|---|---|
| $CH_3COOH$ | | 1 | 加入 10 滴 0.1mol/L NaOH | |
| $CH_3COONa$ | | 2 | 加入 10 滴 0.1mol/L HCl | |
| 混合溶液 | | 3 | 加入 10 滴蒸馏水 | |
| 蒸馏水 | | 4 | 加入 10 滴 0.1mol/L NaOH | |
| | | 5 | 加入 10 滴 0.1mol/L HCl | |

说明缓冲溶液的组成及缓冲作用。

【实验评价】

1. 能否区分强弱电解质。

2. 能否正确使用酸碱指示剂和 pH 试纸。

3. 能否正确使用滴管和点滴板。

# 实验 7　配位化合物的生成与性质

【实验目的】

1. 学会配合物的制备。

2. 会用实验方法验证配离子的稳定性；区别配合物与复盐、配离子与简单离子。

3. 培养学生一丝不苟的实验态度，增强观察问题、分析问题的能力。

【实验准备】

1. 仪器　试管、表面皿（大、小各一）、100ml 烧杯、石棉网、铁架台（附带铁圈）、酒精灯。

2. 试剂　0.1mol/L$CuSO_4$、0.1mol/L$BaCl_2$、0.1mol/LNaOH、6mol/L$NH_3·H_2O$、0.1mol/L $AgNO_3$、0.1mol/LNaCl、0.1mol/L$NH_4Fe(SO_4)_2$、0.1mol/LKSCN、6mol/LNaOH、0.1mol/L$FeCl_3$、

$0.1mol/L K_3[Fe(CN)_6]$。

3. 其他 红色石蕊试纸。

【实验学时】 2学时

【实验方法与结果】

## 一、配离子的生成和配离子的稳定性

### （一）$[Cu(NH_3)_4]^{2+}$ 配离子的生成及稳定性

1. $[Cu(NH_3)_4]^{2+}$ 配离子的生成 取试管1支,加入2ml 0.1mol/L CuSO_4 的溶液,逐滴加入 6mol/L NH_3·H_2O,边加边振荡,待生成的沉淀完全溶解后再滴加 1~2 滴 6mol/L NH_3·H_2O,观察现象,写出化学反应方程式。反应液留着备用。

2. $[Cu(NH_3)_4]^{2+}$ 配离子的稳定性 取试管2支,各加入 10 滴 0.1mol/L CuSO_4 溶液,再分别加入 4 滴 0.1mol/L BaCl_2 溶液和 4 滴 0.1mol/L NaOH 溶液,观察现象,写出化学反应方程式。

另取试管 2 支,各加入 10 滴上面已制取的 $[Cu(NH_3)_4]SO_4$ 溶液,再分别加入 4 滴 0.1mol/L BaCl_2 溶液和 4 滴 0.1mol/L NaOH 溶液,观察现象。并解释原因。

### （二）$[Ag(NH_3)_2]^+$ 配离子的生成及稳定性

取试管 1 支,加入 10 滴 0.1mol/L AgNO_3 溶液,滴入 2 滴 0.1mol/L NaCl 溶液,观察现象,写出化学反应方程式。

另取 1 支试管,加入 10 滴 0.1mol/L AgNO_3 溶液,逐滴加入 6mol/L NH_3·H_2O,边加边振荡,待生成的沉淀完全溶解后再加 1~2 滴 6mol/L NH_3·H_2O,观察现象,写出化学反应方程式。然后在此溶液中滴入 2 滴 0.1mol/L NaCl 溶液,观察现象,并解释原因。

## 二、配合物和复盐的区别

### （一）复盐 $NH_4Fe(SO_4)_2$ 中简单离子的鉴别

1. $SO_4^{2-}$ 鉴别 取试管 1 支,加入 10 滴 0.1mol/L NH_4Fe(SO_4)_2 溶液,再加入 2 滴 0.1mol/L BaCl_2 溶液,观察现象。

2. $Fe^{3+}$ 鉴别 取试管 1 支,加入 10 滴 0.1mol/L NH_4Fe(SO_4)_2 溶液,再加入 2 滴 0.1mol/L KSCN 溶液,观察现象。

3. $NH_4^+$ 鉴别 在一块较大的表面皿的中心,加入 5 滴 0.1mol/L NH_4Fe(SO_4)_2 溶液,再加 3 滴 6mol/L NaOH 溶液,混匀。在另一块较小的表面皿中心放一条润湿的红色石蕊试纸,把它盖在大表面皿上做成气室,将此气室放在水浴上微热 2 分钟,观察现象。

### （二）配合物 $[Cu(NH_3)_4]SO_4$ 中的离子鉴别

1. $SO_4^{2-}$ 鉴别 取试管 1 支,加入 10 滴自制的 $[Cu(NH_3)_4]SO_4$ 溶液,再滴入 4 滴 0.1mol/L BaCl_2 溶液,观察现象。

2. $Cu^{2+}$ 鉴别 另取试管一支,加入 10 滴自制的 $[Cu(NH_3)_4]SO_4$ 溶液,再滴入 4 滴 0.1mol/L NaOH 溶液,观察是否产生沉淀。

根据以上实验,说明配合物和复盐的区别。

## 三、配离子和简单离子的区别

1. 取试管 1 支,加入 10 滴 0.1mol/L FeCl_3 溶液,再加入 5 滴 0.1mol/L KSCN 溶液,观察现象。

2. 另取试管 1 支,以 $K_3[Fe(CN)_6]$ 溶液代替 FeCl_3 溶液做相同的实验,观察现象,并加以解释。

【实验评价】

1. 能否根据实验现象，说出配离子和简单离子、配合物和复盐有哪些区别。

2. 能否解释出在[Cu(NH₃)₄]SO₄溶液加入 BaCl₂ 溶液有白色沉淀生成，而加入 NaOH 溶液却没有蓝色沉淀生成问题。

# 参 考 文 献

1. 丁秋玲. 无机化学. 第2版. 北京：人民卫生出版社, 2008.

2. 刘斌, 刘景晖, 许颂安. 化学. 第2版. 北京：高等教育出版社, 2014.

3. 北京大学. 无机化学. 第4版. 北京：高等教育出版社, 2010.

4. 张天蓝. 无机化学. 第6版. 北京：人民卫生出版社, 2011.

5. 魏祖期. 基础化学. 第8版. 北京：人民卫生出版社, 2013.

参 考 文 献

# 附　录

## 一、国际(SI)基本单位

| 物理量 | 单位名称 | 单位符号 |
|---|---|---|
| 长度(l) | 米 | m |
| 质量(m) | 千克(公斤) | kg |
| 时间(t) | 秒 | s |
| 电流(I) | 安[培] | A |
| 热力学温度(T) | 开[尔文] | K |
| 物质的量(n) | 摩[尔] | mol |
| 发光强度(I) | 坎[德拉] | cd |

## 二、常用酸碱溶液的相对密度和浓度表

| 化学式(20℃) | 相对密度 | 质量分数 % | 质量浓度 $g \cdot cm^{-3}$ | 物质的量 $mol \cdot L^{-1}$ |
|---|---|---|---|---|
| 浓 HCl | 1.19 | 38.0 | | 12 |
| 稀 HCl | 1.10 | 20.0 | 10 | 6 |
| 稀 HCl | | | | 2.8 |
| 浓 $HNO_3$ | 1.42 | 69.8 | | 16 |
| 稀 $HNO_3$ | | | 10 | 1.6 |
| 稀 $HNO_3$ | 1.2 | 32.0 | | 6 |
| 浓 $H_2SO_4$ | 1.84 | 98 | | 18 |
| 稀 $H_2SO_4$ | | | 10 | 1 |
| 稀 $H_2SO_4$ | 1.18 | 24.8 | | 3 |
| 浓 HAc | 1.05 | 90.5 | | 17 |
| HAc | 1.045 | 36～37 | | 6 |
| $HClO_4$ | 1.47 | 74 | | 13 |
| $H_3PO_4$ | 1.689 | 85 | | 14.6 |
| 浓 $NH_3 \cdot H_2O$ | 0.90 | 25～27($NH_3$) | | 15 |
| 稀 $NH_3 \cdot H_2O$ | | 10($NH_3$) | | 6 |
| 稀 $NH_3 \cdot H_2O$ | | 2.5($NH_3$) | | 1.5 |
| NaOH | 1.109 | 10 | | 2.8 |

## 三、常用单位及换算表

| 量的名称 | 量的符号 | 单位名称 | 单位符号 | 与基本单位的换算关系 |
|---|---|---|---|---|
| 长度 | l, L | 米 | m | SI 的基本单位 |
| | | 厘米 | cm | 百分之一米 $1cm = 10^{-2}m$ |
| | | 毫米 | mm | 千分之一米 $1mm = 10^{-3}m$ |
| | | 微米 | μm | 百万分之一米 $1μm = 10^{-6}m$ |
| | | 纳米 | nm | 十亿分之一米 $1nm = 10^{-9}m$ |
| 质量 | m | 千克 | kg | SI 的基本单位 |
| | | 克 | g | 千分之一千克 $1g = 10^{-3}kg$ |
| | | 毫克 | mg | 百万分之一千克 $1mg = 10^{-6}kg$ |
| 时间 | t | 秒 | s | SI 的基本单位 |
| | | 分 | min | $1min = 60s$ |
| | | 小时 | h | $1h = 60min$ |
| 摄氏温度 | t | 摄氏度 | ℃ | |
| 体积 | V | 升 | L（l） | $1L = 10^{-3}m^3$ |
| | | 毫升 | ml | $1ml = 10^{-3}L$ |
| 物质的量 | n | 摩尔 | mol | SI 的基本单位 |
| 物质的量浓度 | $C_B$ | 摩尔每升 | $mol \cdot L^{-1}$ | |
| 摩尔质量 | M | 克每摩尔 | $g \cdot mol^{-1}$ | |
| 摩尔体积 | $V_m$ | 升每摩尔 | $L \cdot mol^{-1}$ | |
| 密度 | $\rho$ | 克每立方厘米 | $g \cdot cm^{-3}$ | |
| | | 千克每立方厘米 | $kg \cdot cm^{-3}$ | |
| | | 千克每升 | $kg \cdot L^{-1}$ | |
| 能量 | E（w） | 焦耳 | J | |
| | | 千焦 | KJ | SI 的导出单位 |
| 压强 | P | 帕斯卡 | Pa | |
| | | 千帕 | kPa | SI 的导出单位 |
| 质量浓度 | $\rho_B$ | 克每升 | $g \cdot L^{-1}$ | |
| 体积分数 | $\varphi_B$ | | | |
| 质量分数 | $\omega_B$ | | | |

## 四、几种常见弱电解质的解离常数（25℃，0.1mol/L）

| 电解质 | 化学式 | $K_a$（或$K_b$） | $pK_a$（或$pK_b$） |
|---|---|---|---|
| 醋酸 | $CH_3COOH$ | $K_a=1.76\times10^{-5}$ | 4.75 |
| 碳酸 | $H_2CO_3$ | $K_{a_1}=4.30\times10^{-7}$ | 6.37 |
| | | $K_{a_2}=5.61\times10^{-11}$ | 10.25 |
| 磷酸 | $H_3PO_4$ | $K_{a_1}=7.52\times10^{-3}$ | 2.12 |
| | | $K_{a_2}=6.23\times10^{-8}$ | 7.21 |
| | | $K_{a_3}=2.20\times10^{-13}$ | 12.67 |
| 草酸 | $H_2C_2O_4$ | $K_{a_1}=5.90\times10^{-2}$ | 1.23 |
| | | $K_{a_2}=6.40\times10^{-5}$ | 4.19 |
| 硫酸 | $H_2SO_4$ | $K_a=1.20\times10^{-2}$ | 1.92 |
| 亚硫酸 | $H_2SO_3$（18℃） | $K_{a_1}=1.54\times10^{-2}$ | 1.81 |
| | | $K_{a_2}=1.02\times10^{-7}$ | 6.91 |
| 氢硫酸 | $H_2S$（18℃） | $K_{a_1}=9.10\times10^{-8}$ | 7.04 |
| | | $K_{a_2}=1.10\times10^{-12}$ | 11.96 |
| 氢氟酸 | $HF$ | $K_a=3.35\times10^{-4}$ | 3.45 |
| 氢氰酸 | $HCN$ | $K_a=4.93\times10^{-10}$ | 9.31 |
| 砷酸 | $H_3AsO_4$ | $K_{a_1}=5.62\times10^{-3}$ | 2.25 |
| | | $K_{a_2}=1.70\times10^{-7}$ | 6.77 |
| | | $K_{a_3}=2.95\times10^{-12}$ | 11.53 |
| 亚砷酸 | $H_3AsO_3$ | $K_a=6.00\times10^{-10}$ | 9.23 |
| 硼酸 | $H_3BO_3$ | $K_{a_1}=7.30\times10^{-10}$ | 9.14 |
| 铬酸 | $H_2CrO_4$ | $K_{a_1}=1.80\times10^{-1}$ | 0.74 |
| | | $K_{a_2}=3.20\times10^{-7}$ | 6.49 |
| 次溴酸 | $HBrO$ | $K_a=2.06\times10^{-9}$ | 8.69 |
| 次氯酸 | $HClO$（18℃） | $K_a=2.95\times10^{-8}$ | 7.53 |
| 次碘酸 | $HIO$ | $K_a=2.30\times10^{-11}$ | 10.64 |
| 碘酸 | $HIO_3$ | $K_a=1.69\times10^{-1}$ | 0.77 |
| 亚硝酸 | $HNO_2$（12.5℃） | $K_a=4.60\times10^{-4}$ | 3.77 |
| 高碘酸 | $HIO_4$ | $K_a=2.30\times10^{-2}$ | 1.64 |
| 亚磷酸 | $H_3PO_3$（18℃） | $K_{a_1}=1.00\times10^{-2}$ | 2.00 |
| | | $K_{a_2}=2.60\times10^{-7}$ | 6.59 |
| 硅酸 | $H_4SiO_4$（30℃） | $K_{a_1}=2.20\times10^{-10}$ | 9.66 |
| | | $K_{a_2}=2.00\times10^{-12}$ | 11.70 |
| | | $K_{a_3}=1.00\times10^{-12}$ | 12.00 |
| 氨水 | $NH_3\cdot H_2O$ | $K_b=1.76\times10^{-5}$ | 4.75 |
| 氢氧化钙 | $Ca(OH)_2$（25℃） | $K_{b_1}=3.74\times10^{-3}$ | 2.43 |
| | （30℃） | $K_{b_2}=4.0\times10^{-2}$ | 1.40 |
| 氢氧化铅 | $Pb(OH)_2$ | $K_b=9.60\times10^{-4}$ | 3.02 |
| 氢氧化锌 | $Zn(OH)_2$ | $K_b=9.60\times10^{-4}$ | 3.02 |

## 五、酸、碱和盐的溶解性表（293.15K）

| 阳离子 | 阴离子 | | | | | | | | |
|---|---|---|---|---|---|---|---|---|---|
| | $OH^-$ | $NO_3^-$ | $Cl^-$ | $SO_4^{2-}$ | $S^{2-}$ | $SO_3^{2-}$ | $CO_3^{2-}$ | $SiO_3^{2-}$ | $PO_4^{3-}$ |
| $H^+$ | — | 溶、挥 | 溶、挥 | 溶 | 溶、挥 | 溶、挥 | 溶、挥 | 微 | 溶 |
| $NH_4^+$ | 溶、挥 | 溶 | 溶 | 溶 | 溶 | 溶 | 溶 | 溶 | 溶 |
| $K^+$ | 溶 | 溶 | 溶 | 溶 | 溶 | 溶 | 溶 | 溶 | 溶 |
| $Na^+$ | 溶 | 溶 | 溶 | 溶 | 溶 | 溶 | 溶 | 溶 | 溶 |
| $Ba^{2+}$ | 溶 | 溶 | 溶 | 不 | — | 不 | 不 | 不 | 不 |
| $Ca^{2+}$ | 微 | 溶 | 微 | 微 | — | 不 | 不 | 不 | 不 |
| $Mg^{2+}$ | 不 | 溶 | 溶 | 溶 | — | 微 | 微 | 不 | 不 |
| $Al^{3+}$ | 不 | 溶 | 溶 | 溶 | — | — | — | 不 | 不 |
| $Mn^{2+}$ | 不 | 溶 | 溶 | 溶 | 不 | 不 | 不 | 不 | 不 |
| $Zn^{2+}$ | 不 | 溶 | 溶 | 溶 | 不 | 不 | 不 | 不 | 不 |
| $Cr^{3+}$ | 不 | 溶 | 溶 | 溶 | — | — | — | 不 | 不 |
| $Fe^{2+}$ | 不 | 溶 | 溶 | 溶 | 不 | — | 不 | 不 | 不 |
| $Fe^{3+}$ | 不 | 溶 | 溶 | 溶 | — | — | — | 不 | 不 |
| $Sn^{2+}$ | 不 | 溶 | 溶 | 溶 | 不 | — | — | — | 不 |
| $Pb^{2+}$ | 不 | 溶 | 微 | 不 | 不 | 不 | 不 | 不 | 不 |
| $Cu^{2+}$ | 不 | 溶 | 溶 | 溶 | 不 | 不 | 不 | 不 | 不 |
| $Bi^{3+}$ | 不 | 溶 | — | 溶 | 不 | 不 | 不 | — | 不 |
| $Hg^+$ | — | 溶 | 不 | 微 | 不 | 不 | 不 | — | 不 |
| $Hg^{2+}$ | — | 溶 | 溶 | 溶 | 不 | 不 | 不 | — | 不 |
| $Ag^+$ | — | 溶 | 不 | 微 | 不 | 不 | 不 | 不 | 不 |

# 目标测试参考答案

第二章　溶液

一、选择题

1. B　　2. C　　3. B　　4. C　　5. C　　6. D　　7. D　　8. B　　9. B　　10. B
11. C　　12. C　　13. B　　14. C　　15. B　　16. C　　17. D　　18. D　　19. B　　20. D

第三章　物质结构和元素周期律

一、选择题

1. B　　2. D　　3. C　　4. B　　5. A　　6. C　　7. C　　8. A　　9. D　　10. D

第四章　氧化还原反应

一、选择题

1. C　　2. C　　3. D　　4. C　　5. A

第五章　元素及其化合物

一、选择题

1. C　　2. D　　3. D　　4. A　　5. C　　6. A　　7. A　　8. B　　9. C　　10. B
11. C　　12. A　　13. D　　14. E　　15. B　　16. C　　17. B　　18. B　　19. D　　20. A
21. D　　22. A　　23. A　　24. B　　25. B　　26. A　　27. B　　28. C　　29. D　　30. D
31. D　　32. A　　33. B　　34. C　　35. C　　36. C　　37. C　　38. D　　39. C　　40. A

第六章　化学反应速率和化学平衡

三、选择题

1. E　　2. C　　3. E　　4. D　　5. B　　6. A　　7. D　　8. A　　9. D　　10. E
11. C　　12. D

第七章　电解质溶液

一、选择题

1. A　　2. B　　3. B　　4. C　　5. C　　6. B　　7. A　　8. A　　9. E　　10. B
11. D　　12. A　　13. C　　14. A　　15. C　　16. B　　17. B　　18. B　　19. D　　20. D
21. A　　22. C　　23. B　　24. A　　25. B　　26. D

第八章　配位化合物

一、选择题

1. A　　2. A　　3. C　　4. A　　5. C　　6. C　　7. B　　8. A

# 《无机化学基础》教学大纲

## 一、课程性质

《无机化学基础》是中等卫生职业教育医学检验技术专业的一门重要的专业核心课程。本课程教学内容主要包括基础理论和元素化学两大部分。前者讲授无机化学的基础理论，主要讨论溶液、电解质及离子平衡、化学反应速率、化学平衡、物质结构理论、氧化还原、配位化合物及有关计算。后者讲述重要元素单质及其化合物的基本知识。本课程的主要任务是：通过理论和实践教学，使学生掌握从事医学检验技术工作所必需的无机化学基础知识和基本技能，能够熟练进行化学实验基本操作，为专业知识和技能的学习打下扎实基础。

## 二、课程目标

通过本课程的学习，学生能够达到下列要求：

### （一）职业素养目标

1. 具有良好的法律意识，自觉遵守有关医疗卫生法律法规，依法行医。

2. 具有良好的人文精神，职业道德，服务意识，能将预防和治疗疾病、促进健康、维护大众的健康利益作为自己的职业责任。

3. 具有良好的身体素质、心理素质和较好的社会适应能力，能适应基层医疗卫生工作的实际需要。

4. 具有认真的工作态度，严谨踏实的工作作风以及客观真实的计量观。

5. 具有终身学习理念和不断创新精神。

### （二）专业知识和技能目标

1. 具备无机化学的基本理论和基本知识。

2. 具有独立解决临床检验、卫生检验、病理技术、采供血检验基础性技术问题的能力。

3. 具有规范地使用与维护常用的医学检验仪器设备的能力。

4. 具有能够独立完成医学检验常规标本检验能力。

5. 具有进行常规质控能力。

## 三、学时安排

| 教学内容 | 学时 | | |
|---|---|---|---|
| | 理论 | 实践 | 合计 |
| 一、绪论 | 2 | 2 | 4 |
| 二、溶液 | 6 | 2 | 8 |

续表

| 教学内容 | 学时 | | |
|---|---|---|---|
| | 理论 | 实践 | 合计 |
| 三、物质结构与元素周期律 | 6 | | 6 |
| 四、氧化还原反应 | 4 | 2 | 6 |
| 五、元素及其化合物 | 6 | 2 | 8 |
| 六、化学反应速率和化学平衡 | 4 | 2 | 6 |
| 七、电解质溶液 | 8 | 2 | 10 |
| 八、配位化合物 | 4 | 2 | 6 |
| 合计 | 40 | 14 | 54 |

## 四、主要教学内容和要求

| 单元 | 教学内容 | 教学目标 | | 教学活动参考 | 参考学时 | |
|---|---|---|---|---|---|---|
| | | 知识目标 | 技能目标 | | 理论 | 实践 |
| 一、绪论 | 1. 无机化学的地位和作用 | 了解 | | 理论讲授 | 2 | 2 |
| | 2. 无机化学与医药学及检验的关系 | 熟悉 | | 讨论教学 | | |
| | 3. 无机化学的教学内容和教学任务 | 掌握 | | 启发教学 | | |
| | 4. 无机化学的学习方法 | 了解 | | | | |
| | 实验1：化学实验的基本操作 | | 熟练掌握 | 技能实践 | | |
| 二、溶液 | （一）物质的量 | | | 理论讲授 | 6 | 2 |
| | 1. 物质的量及其单位 | 掌握 | | 讨论教学 | | |
| | 2. 摩尔质量 | 掌握 | | 演示教学 | | |
| | 3. 有关物质的量计算 | 掌握 | | 启发教学 | | |
| | （二）溶液的浓度 | | | PBL教学 | | |
| | 1. 分散系概念及类型 | 了解 | | | | |
| | 2. 溶液浓度表示方法 | 掌握 | | | | |
| | 3. 溶液浓度换算 | 掌握 | | | | |
| | 4. 溶液配制和稀释 | 掌握 | | | | |
| | （三）溶液的渗透压 | | | | | |
| | 1. 渗透现象及渗透压 | 熟悉 | | | | |
| | 2. 渗透压与溶液浓度的关系 | 掌握 | | | | |
| | 3. 渗透压在医学上的应用 | 掌握 | | | | |
| | （四）胶体溶液 | | | | | |
| | 1. 溶胶的基本性质 | 熟悉 | | | | |
| | 2. 溶胶的稳定性和聚沉 | 熟悉 | | | | |
| | 3. 高分子溶液 | 掌握 | | | | |
| | 实验2：溶液的配制和稀释 | | 熟练掌握 | 技能实践 | | |
| 三、物质结构与元素周期律 | （一）原子结构 | | | 理论讲授 | 6 | 0 |
| | 1. 原子组成 | 掌握 | | 讨论教学 | | |
| | 2. 同位素及其在医学中应用 | 熟悉 | | 启发教学 | | |
| | 3. 核外电子运动 | 熟悉 | | 演示教学 | | |
| | （二）元素周期律和元素周期表 | | | | | |
| | 1. 元素周期律 | 掌握 | | | | |
| | 2. 元素周期表 | 熟悉 | | | | |

续表

| 单元 | 教学内容 | 教学目标 知识目标 | 教学目标 技能目标 | 教学活动参考 | 参考学时 理论 | 参考学时 实践 |
|---|---|---|---|---|---|---|
| | （三）化学键 | | | | | |
| | 1. 离子键 | 熟悉 | | | | |
| | 2. 共价键 | 熟悉 | | | | |
| | （四）分子间作用力和氢键 | | | | | |
| | 1. 分子极性 | 熟悉 | | | | |
| | 2. 分子间作用力 | 熟悉 | | | | |
| | 3. 氢键 | 熟悉 | | | | |
| 四、氧化还原反应 | （一）氧化还原反应的概念 | | | 演示教学 启发教学 讨论教学 | 4 | 2 |
| | 1. 氧化还原反应的特征和实质 | 掌握 | | | | |
| | 2. 氧化剂和还原剂 | 掌握 | | | | |
| | （二）氧化还原反应方程式的配平 | | | | | |
| | 1. 配平原则 | 了解 | | | | |
| | 2. 配平步骤 | 熟悉 | | | | |
| | 实验3：氧化还原反应 | | 熟练掌握 | 技能实践 | | |
| 五、元素及其化合物 | （一）碱金属 | | | | 6 | 2 |
| | 1. 碱金属通性 | 了解 | | | | |
| | 2. 钠和钠的化合物 | 熟悉 | | | | |
| | （二）卤族元素 | | | | | |
| | 1. 卤素通性 | 了解 | | | | |
| | 2. 卤素单质 | 熟悉 | | | | |
| | 3. 卤素化合物 | 熟悉 | | | | |
| | （三）氧族元素 | | | | | |
| | 1. 氧族元素通性 | 了解 | | | | |
| | 2. 氧及其化合物 | 了解 | | | | |
| | 3. 硫及其化合物 | 了解 | | | | |
| | 实验4：元素及其化合物 | | 熟练掌握 | 技能实践 | | |
| 六、化学反应速率和化学平衡 | （一）化学反应速率 | | | 理论讲授 讨论教学 课件教学 | 4 | 2 |
| | 1. 化学反应速率概念及表示方法 | 掌握 | | | | |
| | 2. 影响反应速率的因素 | 熟悉 | | | | |
| | （二）化学平衡 | | | | | |
| | 1. 可逆反应 | 熟悉 | | | | |
| | 2. 化学平衡 | 掌握 | | | | |
| | 实验5：化学反应速率和化学平衡 | | 熟练掌握 | 技能实践 | | |
| 七、电解质溶液 | （一）弱电解质的离解平衡 | | | 理论讲授 讨论教学 演示教学 启发教学 案例教学 任务教学 | 8 | 2 |
| | 1. 强电解质和弱电解质 | 掌握 | | | | |
| | 2. 弱电解质的离解平衡 | 熟悉 | | | | |
| | 3. 同离子效应 | 了解 | | | | |
| | （二）溶液的酸碱性 | | | | | |
| | 1. 水的离解 | 熟悉 | | | | |
| | 2. 溶液的酸碱性和pH | 掌握 | | | | |
| | （三）盐类的水解 | | | | | |
| | 1. 盐的类型 | 掌握 | | | | |

续表

| 单元 | 教学内容 | 教学目标 | | 教学活动 | 参考学时 | |
|---|---|---|---|---|---|---|
| | | 知识目标 | 技能目标 | 参考 | 理论 | 实践 |
| | 2. 盐水解及溶液酸碱性判断 | 掌握 | | | | |
| | 3. 盐类水解在医学上的意义 | 了解 | | | | |
| | （四）缓冲溶液 | | | | | |
| | 1. 缓冲作用和缓冲溶液 | 熟悉 | | | | |
| | 2. 缓冲溶液的组成 | 熟悉 | | | | |
| | 3. 缓冲作用原理 | 了解 | | | | |
| | 4. 缓冲溶液 pH 计算 | 了解 | | | | |
| | 5. 缓冲溶液在医学上的意义 | 了解 | | | | |
| | 实验6：电解质溶液 | | 熟练掌握 | 技能实践 | | |
| 八、配位化合物 | （一）配合物 | | | 理论讲授 | 4 | 2 |
| | 1. 配合物的概念 | 掌握 | | 讨论教学 | | |
| | 2. 配合物的组成 | 掌握 | | 启发教学 | | |
| | 3. 配合物的命名 | 熟悉 | | 演示教学 | | |
| | 4. 配合物的稳定常数 | 熟悉 | | | | |
| | （二）螯合物 | | | | | |
| | 1. 螯合物的概念 | 了解 | | | | |
| | 2. 螯合物的形成条件 | 了解 | | | | |
| | 实验7：配位化合物的生成和性质 | | 熟练掌握 | 技能实践 | | |

## 五、说明

### （一）教学安排

本课程标准主要供中等卫生职业教育农村医学专业教学使用，第一学期开设，总学时为54学时，其中理论教学40学时，实践教学14学时。

### （二）教学要求

1. 本课程对知识部分教学目标分为掌握、熟悉、了解三个层次。掌握：指对基本知识、基本理论有较深刻的认识，并能综合、灵活地运用所学的知识解决实际问题。熟悉：只能够领会概念、原理的基本含义，解释现象。了解：指对基本知识、基本理论能有一定的认识，能够记忆所学的知识要点。

2. 本课程重点突出以岗位胜任力为导向的教学理念，在技能目标分为能和会两个层次。能：指能独立、规范地解决实践技能问题，完成实践技能操作。会：指在教师的指导下能初步实施实践技能操作。

### （三）教学建议

1. 本课程依据农村医学岗位的工作任务、职业能力要求，强化理论实践一体化，突出"做中学、学中做"的职业教育特色，根据培养目标、教学内容和学生的学习特点以及职业资格考试要求，提倡项目教学、案例教学、任务教学、角色扮演、情境教学等方法，利用校内外实训基地，将学生的自主学习、合作学习和教师引导教学等教学组织形式有机结合。

2. 教学过程中，可通过测验、观察记录、技能考核和理论考试等多种形式对学生的职业素养、专业知识和技能进行综合考评。应体现评价主体的多元化，评价过程的多元化，评价方式的多元化。评价内容不仅关注学生对知识的理解和技能的掌握，更要关注知识在临床实践中运用于解决实际问题的能力水平，重视职业素养的形成。

# 元素周期表

**图例说明：**

- 电负性
- 原子序数
- 元素符号(红色为放射性元素)
- 元素名称(注▲的为人造元素)
- 价层电子构型
- 以¹²C=12为基准的相对原子质量(注◆的是半衰期最长同位素相对原子质量)

示例：
2.20
85
At 砹
$6s^2 6p^5$
209.99

分区：s区元素　d区元素　f区元素　p区元素　ds区元素　稀有气体

⌀ 必需常量元素　⌀ 必需微量元素　☢ 有害元素

电子层：K L M N O P Q

| 周期 / 族 | IA (1) | IIA (2) | IIIB (3) | IVB (4) | VB (5) | VIB (6) | VIIB (7) | Ⅷ (8) | Ⅷ (9) | Ⅷ (10) | IB (11) | IIB (12) | IIIA (13) | IVA (14) | VA (15) | VIA (16) | VIIA (17) | 0 (18) |
|---|---|---|---|---|---|---|---|---|---|---|---|---|---|---|---|---|---|---|
| 1 | 1 H 氢 $1s^1$ 2.18 1.0079 | | | | | | | | | | | | | | | | | 2 He 氦 $1s^2$ 4.0026 |
| 2 | 3 Li 锂 $2s^1$ 0.98 6.941 | 4 Be 铍 $2s^2$ 1.57 9.0122 | | | | | | | | | | | 5 B 硼 $2s^2 2p^1$ 2.04 10.811 | 6 C 碳 $2s^2 2p^2$ 2.55 12.011 | 7 N 氮 $2s^2 2p^3$ 3.04 14.007 | 8 O 氧 $2s^2 2p^4$ 3.44 15.999 | 9 F 氟 $2s^2 2p^5$ 3.98 18.998 | 10 Ne 氖 $2s^2 2p^6$ 20.180 |
| 3 | 11 Na 钠 $3s^1$ 0.93 22.990 | 12 Mg 镁 $3s^2$ 1.31 24.305 | | | | | | | | | | | 13 Al 铝 $3s^2 3p^1$ 1.61 26.982 | 14 Si 硅 $3s^2 3p^2$ 1.90 28.086 | 15 P 磷 $3s^2 3p^3$ 2.19 30.974 | 16 S 硫 $3s^2 3p^4$ 2.58 32.066 | 17 Cl 氯 $3s^2 3p^5$ 3.16 35.453 | 18 Ar 氩 $3s^2 3p^6$ 39.948 |
| 4 | 19 K 钾 $4s^1$ 0.82 39.098 | 20 Ca 钙 $4s^2$ 1.00 40.078 | 21 Sc 钪 $3d^1 4s^2$ 1.36 44.956 | 22 Ti 钛 $3d^2 4s^2$ 1.54 47.867 | 23 V 钒 $3d^3 4s^2$ 1.63 50.942 | 24 Cr 铬 $3d^5 4s^1$ 1.66 51.996 | 25 Mn 锰 $3d^5 4s^2$ 1.55 54.938 | 26 Fe 铁 $3d^6 4s^2$ 1.80 55.845 | 27 Co 钴 $3d^7 4s^2$ 1.88 58.933 | 28 Ni 镍 $3d^8 4s^2$ 1.91 58.693 | 29 Cu 铜 $3d^{10} 4s^1$ 1.90 63.546 | 30 Zn 锌 $3d^{10} 4s^2$ 1.65 65.39 | 31 Ga 镓 $4s^2 4p^1$ 1.81 69.723 | 32 Ge 锗 $4s^2 4p^2$ 2.01 72.61 | 33 As 砷 $4s^2 4p^3$ 2.18 74.922 | 34 Se 硒 $4s^2 4p^4$ 2.55 78.96 | 35 Br 溴 $4s^2 4p^5$ 2.96 79.904 | 36 Kr 氪 $4s^2 4p^6$ 83.80 |
| 5 | 37 Rb 铷 $5s^1$ 0.82 85.468 | 38 Sr 锶 $5s^2$ 0.95 87.62 | 39 Y 钇 $4d^1 5s^2$ 1.22 88.906 | 40 Zr 锆 $4d^2 5s^2$ 1.33 91.224 | 41 Nb 铌 $4d^4 5s^1$ 1.60 92.906 | 42 Mo 钼 $4d^5 5s^1$ 2.16 95.94 | 43 Tc 锝 $4d^5 5s^2$ 1.90 97.907◆ | 44 Ru 钌 $4d^7 5s^1$ 2.20 101.07 | 45 Rh 铑 $4d^8 5s^1$ 2.28 102.91 | 46 Pd 钯 $4d^{10}$ 2.20 106.42 | 47 Ag 银 $4d^{10} 5s^1$ 1.93 107.87 | 48 Cd 镉 $4d^{10} 5s^2$ 1.69 112.41 | 49 In 铟 $5s^2 5p^1$ 1.78 114.82 | 50 Sn 锡 $5s^2 5p^2$ 1.96 118.71 | 51 Sb 锑 $5s^2 5p^3$ 2.05 121.76 | 52 Te 碲 $5s^2 5p^4$ 2.10 127.60 | 53 I 碘 $5s^2 5p^5$ 2.66 126.90 | 54 Xe 氙 $5s^2 5p^6$ 131.29 |
| 6 | 55 Cs 铯 $6s^1$ 0.79 132.91 | 56 Ba 钡 $6s^2$ 0.89 137.33 | 57–71 La–Lu 镧系 | 72 Hf 铪 $5d^2 6s^2$ 1.30 178.49 | 73 Ta 钽 $5d^3 6s^2$ 1.50 180.95 | 74 W 钨 $5d^4 6s^2$ 2.36 183.84 | 75 Re 铼 $5d^5 6s^2$ 1.90 186.21 | 76 Os 锇 $5d^6 6s^2$ 2.20 190.23 | 77 Ir 铱 $5d^7 6s^2$ 2.20 192.22 | 78 Pt 铂 $5d^9 6s^1$ 2.28 195.08 | 79 Au 金 $5d^{10} 6s^1$ 2.54 196.97 | 80 Hg 汞 $5d^{10} 6s^2$ 2.00 200.59 | 81 Tl 铊 $6s^2 6p^1$ 2.04 204.38 | 82 Pb 铅 $6s^2 6p^2$ 2.33 207.2 | 83 Bi 铋 $6s^2 6p^3$ 2.02 208.98 | 84 Po 钋 $6s^2 6p^4$ 2.0 210◆ | 85 At 砹 $6s^2 6p^5$ 2.20 210◆ | 86 Rn 氡 $6s^2 6p^6$ 222◆ |
| 7 | 87 Fr 钫 $7s^1$ 0.79 223.02◆ | 88 Ra 镭 $7s^2$ 0.9 226.03◆ | 89–103 Ac–Lr 锕系 | 104 Rf 𬬻▲ $6d^2 7s^2$ 261.11◆ | 105 Db 𬭊▲ $6d^3 7s^2$ 262.11◆ | 106 Sg 𬭳▲ $6d^4 7s^2$ 263.12◆ | 107 Bh 𬭛▲ $6d^5 7s^2$ 264.12◆ | 108 Hs 𬭶▲ $6d^6 7s^2$ 265.13◆ | 109 Mt 䥑▲ $6d^7 7s^2$ 268◆ | 110 Ds 𫟼▲ $6d^8 7s^2$ 269◆ | 111 Rg 𬬭▲ $6d^7 7s^1$ 272◆ | 112 Uub▲ (277) | | | | | | |

**镧系：**

| 57 La 镧 $5d^1 6s^2$ 1.10 138.91 | 58 Ce 铈 $4f^1 5d^1 6s^2$ 1.12 140.12 | 59 Pr 镨 $4f^3 6s^2$ 1.13 140.91 | 60 Nd 钕 $4f^4 6s^2$ 1.14 144.24 | 61 Pm 钷▲ $4f^5 6s^2$ 144.91◆ | 62 Sm 钐 $4f^6 6s^2$ 1.17 150.36 | 63 Eu 铕 $4f^7 6s^2$ 151.96 | 64 Gd 钆 $4f^7 5d^1 6s^2$ 1.20 157.25 | 65 Tb 铽 $4f^9 6s^2$ 158.93 | 66 Dy 镝 $4f^{10} 6s^2$ 1.22 162.50 | 67 Ho 钬 $4f^{11} 6s^2$ 1.23 164.93 | 68 Er 铒 $4f^{12} 6s^2$ 1.24 167.26 | 69 Tm 铥 $4f^{13} 6s^2$ 1.25 168.93 | 70 Yb 镱 $4f^{14} 6s^2$ 173.04 | 71 Lu 镥 $4f^{14} 5d^1 6s^2$ 174.97 |
|---|---|---|---|---|---|---|---|---|---|---|---|---|---|---|

**锕系：**

| 89 Ac 锕 $6d^1 7s^2$ 1.1 227.03◆ | 90 Th 钍 $6d^2 7s^2$ 1.3 232.04 | 91 Pa 镤 $5f^2 6d^1 7s^2$ 1.5 231.04 | 92 U 铀 $5f^3 6d^1 7s^2$ 1.38 238.03 | 93 Np 镎 $5f^4 6d^1 7s^2$ 1.36 237.05◆ | 94 Pu 钚 $5f^6 7s^2$ 244.06◆ | 95 Am 镅▲ $5f^7 7s^2$ 243.06◆ | 96 Cm 锔▲ $5f^7 6d^1 7s^2$ 247.07◆ | 97 Bk 锫▲ $5f^9 7s^2$ 247.07◆ | 98 Cf 锎▲ $5f^{10} 7s^2$ 251.08◆ | 99 Es 锿▲ $5f^{11} 7s^2$ 252.08◆ | 100 Fm 镄▲ $5f^{12} 7s^2$ 257.10◆ | 101 Md 钔▲ $5f^{13} 7s^2$ 258.10◆ | 102 No 锘▲ $5f^{14} 7s^2$ 259.10◆ | 103 Lr 铹▲ $5f^{14} 6d^1 7s^2$ 262.11◆ |
|---|---|---|---|---|---|---|---|---|---|---|---|---|---|---|